ÉTATS ALLOTROPIQUES
DES
CORPS SIMPLES

ÉTATS ALLOTROPIQUES

DES

CORPS SIMPLES

PAR

Maurice MESLANS

DOCTEUR ÈS SCIENCES

PARIS

GEORGES CARRÉ, ÉDITEUR

3, RUE RACINE, 3

1894

ÉTATS ALLOTROPIQUES
DES CORPS SIMPLES

INTRODUCTION

L'allotropie peut être considérée comme un cas particulier d'un phénomène beaucoup plus général, l'isomérie. — Cette dernière notion fut introduite dans la science par Berzélius, pour désigner l'état de corps qui, doués de propriétés différentes, présentaient cependant une composition identique ; et c'est vers 1841 que, rattachant aux corps isomères les diverses formes du soufre, du carbone, du phosphore, ce savant créa, pour les états isomériques des éléments, le nom d'allotropie.

Ainsi que l'a fait ressortir M. Berthelot, dans ses belles leçons professées en 1864 devant la Société chimique de Paris, les divers cas d'isomérie, chez les composés comme chez les corps simples, ne peuvent prendre place dans une classe unique.

On ne saurait comparer, en effet, les relations offertes par les états cristallisés du soufre, à celles que présentent les deux variétés allotropiques du phosphore, ou bien de l'oxygène, ou encore les états multiples du soufre insoluble.

Dumas avait établi déjà cette différence, et il avait distingué les corps polymorphes des corps isomères, attribuant l'existence des premiers aux modifications des effets de la cohésion, celle des isomères, à une variation des effets de l'affinité ; et voici comment il s'exprimait à ce sujet dans une de ses éloquentes leçons sur la philosophie chimique :

« Les différences par polymorphisme résident dans le groupement des molécules composées, qui, d'ailleurs, restent intactes, et les différences qui constituent l'isomérie atteignent le groupement des atomes élémentaires eux-mêmes. »

Poussant les choses plus loin, Dumas se demandait s'il était possible d'admettre que plusieurs corps simples fussent des isomères.

Cette question touche de près, comme on le voit, à la transmutation des métaux, et, comme le fait remarquer Dumas, résolue affirmativement, elle donnerait des « chances de succès à la recherche de la pierre philosophale ». Et, cependant, on ne saurait la trancher négativement, et les relations numériques, qui relient les poids atomiques des corps simples, offrent plus d'une analogie avec les poids moléculaires égaux ou multiples les uns des autres qui caractérisent les composés isomères. Pour ne citer qu'un exemple, les corps simples de la famille de l'oxygène et leurs dérivés nous présentent d'intéressants rapprochements avec les corps polymères et leurs combinaisons. D'abord, ce sont les poids atomiques du soufre, du sélénium, du tellure, qui se montrent comme des multiples de celui de l'oxygène. L'analogie si grande de ces divers corps et celle des dérivés qu'ils forment avec les mêmes éléments, et dont les formules sont semblables, ne sont pas moins remarquables et rappellent ce qu'on connaît des carbures polymères et de leurs dérivés.

Mais, sans nous avancer autant dans le domaine de l'hypothèse pure et sans nous arrêter à cette isomérie des éléments, qui porterait sur la nature intime des atomes, sur la forme, par exemple, du mouvement qu'on peut concevoir, donnant aux corps simples, formés d'une matière unique, leur caractère propre, nous pouvons nous rapprocher davantage de l'isomérie telle qu'elle existe chez les composés, en considérant celle qui s'exercerait sur les molécules des corps simples, envisagées elles-mêmes comme des agrégats des particules essentielles. Nous pouvons dès lors attribuer l'existence des états allotropiques, soit à une condensation de plusieurs de ces agrégats en une même molécule, soit à un arrangement différent de ces groupes identiques, de même que l'on explique la polymérie des carbures par une condensation de plusieurs molécules identiques du carbure générateur en une seule, ou encore les différentes isoméries par des arrangements différents des molécules diverses qui composent les corps isomères.

Dès lors, ainsi que l'a développé M. Berthelot, indépendamment de l'allotropie physique, on pourra distinguer, comme pour les composés, diverses classes d'allotropie ou d'isomérie chimique des éléments. Celles qui présentent aujourd'hui le plus de netteté, ou paraissent le plus probables, sont: l'allotropie par polymérie, dont l'ozone est l'un des plus saisissants exemples; et l'allotropie chimique proprement dite, dont M. Berthelot a étudié les types multiples dans les variétés si singulières du soufre amorphe, et dans la formation desquelles il a mis en lumière l'influence de la combinaison génératrice et, par conséquent, de l'arrangement moléculaire.

Nous rattacherons à l'allotropie physique les modifications qui, suivant la définition de M. Berthelot, résultent de la variation de propriétés purement physiques et n'entraînent pas un changement notable dans les propriétés chimiques du corps. Telles sont les différentes formes cristallines du soufre, également solubles dans le sulfure de carbone et qu'une faible variation de température ou le simple contact d'un cristal suffit à faire passer d'une variété dans l'autre ; telles sont aussi les deux formes cristallines de l'étain, dont la variété octaédrique prend naissance lorsque ce métal est soumis à une température de — 35°.

On peut faire entrer également dans cette classe les états différents présentés par un grand nombre de métaux sous l'influence de divers agents physiques ou bien encore d'efforts mécaniques:

Tel est le fer, entre autres, qu'on voit passer lentement de l'état fibreux à une texture cristalline, par le temps et les vibrations répétées ; ou encore d'une variété malléable à une variété de propriétés mécaniques différentes, par une seule élévation de température ou par la traction.

Les corps simples en état de surfusion pourraient trouver place également dans la classe de l'allotropie physique.

Ces variétés diverses du même élément ont des propriétés chimiques très voisines, sinon identiques ; seules, leurs propriétés physiques, aspect, dureté, malléabilité, ductilité, densité, chaleur spécifique, ont varié. Une autre donnée s'est modifiée également qui explique ces variations : c'est la quantité de chaleur qu'ils peuvent dégager quand on les combine à un même corps, pour former une combinaison identique, car, en effectuant ces passages d'une modification à l'autre, ils ont ou dégagé ou absorbé une certaine quantité de chaleur, perdant ou emmagasinant ainsi une quantité d'énergie correspondante.

L'allotropie par polymérie est surtout caractéristique pour l'ozone, grâce à son état gazeux. Il suffit, en effet, de chauffer ce corps vers 260°, comme l'a fait Andrews, pour constater que sa destruction et son retour à l'état d'oxygène normal sont accompagnés d'une augmentation de volume. Il y avait donc eu contraction, condensation, au moment de sa formation, et l'on peut, de même, démontrer ce fait par l'expérience. Si l'on considère la molécule d'oxygène normal comme renfermant deux atomes, O^2, celle de l'ozone en renferme trois, O^3.

De même, la vapeur de soufre se dédouble quand on la chauffe et peut être envisagée, au voisinage de l'ébullition de ce corps, comme formée par trois molécules condensées qui, par la chaleur, régénèrent le soufre gazeux normal, comme l'ozone régénère, quand on le chauffe, l'oxygène normal.

L'allotropie proprement dite est celle qui résulte d'arrangements moléculaires différents, et, dans les divers soufres qu'on peut isoler par la décomposition des nombreux dérivés de ce corps, la structure de la combinaison génératrice subsiste, ainsi que l'a démontré M. Berthelot; et, avec cette structure, demeure également une tendance de la variété isolée à entrer dans une forme de combinaison analogue à celle qui lui a donné naissance. En un mot, ces variétés de soufre participent chacune de l'arrangement moléculaire qu'elles possédaient dans leurs combinaisons et demeurent, jusqu'à un certain point, aptes à reproduire ces composés, dont on peut imaginer qu'elles sont des sortes de radicaux.

Un certain nombre des variétés du carbone, qu'on pressent multipliées à l'infini comme le sont les dérivés de ce corps, rentre évidemment dans cette classe, la plus riche de toutes, sans doute, mais celle dont l'étude est peut-être la moins avancée ; un certain nombre trouve place probablement aussi dans la classe des polymères.

Les transformations allotropiques, à quelque classe qu'elles appartiennent, sont accompagnées d'un dégagement ou d'une absorption de chaleur. Mais ces variations thermiques ne sont pas du même ordre de grandeur dans les différentes classes de l'allotropie. A peine mesurable pour certaines formes isomériques, cette quantité de chaleur est parfois très considérable, au contraire, comme dans la transformation du phosphore blanc en phosphore rouge ; aussi peut-elle aider à classer les cas d'allotropie, en faisant connaître l'importance du changement éprouvé par l'édifice moléculaire. L'étude de l'isomérie chez les corps simples est loin d'être terminée, et, pour la plupart de ceux-ci, elle est entièrement à faire ; néanmoins, quelques états allotropiques sont aujourd'hui nettement connus : la transformation isomérique du phosphore, entre autres, a fourni des résultats remarquables, grâce à la netteté du phénomène ainsi qu'à la perfection des méthodes imaginées pour son étude. La nature polymérique de l'ozone a, de même, été parfaitement démontrée. Le soufre a été l'objet de très beaux travaux et l'étude de nombreuses variétés de soufre amorphe a fourni des faits particulièrement intéressants, et qui montrent toute l'influence des arrangements moléculaires chez les corps simples. Enfin, la question, si difficile et si délicate, des multiples états du carbone, si habilement ouverte par les travaux de M. Berthelot, a reçu tout récemment une impulsion nouvelle, par les belles recherches de M. Moissan sur la reproduction des diverses variétés de graphite et de carbone dense, et sur la formation artificielle du diamant.

Dans l'état actuel de nos connaissances, on ne saurait encore grouper avec quelque certitude les divers cas d'allotropie connus. Aussi avons-nous préféré, dans ce travail, réunir pour chaque corps simple les différentes modifications sous lesquelles il peut exister, bien que celles-ci puissent appartenir aux diverses classes d'allotropie physique ou chimique, comme cela est surtout visible pour le soufre.

OXYGÈNE

L'oxygène se présente sous deux états :

L'oxygène normal, qui compose le cinquième environ de notre atmosphère ; et l'ozone, ou oxygène actif, qui est doué d'une activité singulière et dont l'odeur caractéristique paraît avoir, depuis fort longtemps, attiré l'attention des savants.

L'oxygène libre et l'ozone présentent un des exemples les plus nets d'allotropie par polymérie. Leur état gazeux se prête fort bien à la démonstration de cette polymérisation, comme nous le verrons plus loin.

L'on peut considérer la molécule d'oxygène libre comme formée de l'union de deux atomes d'oxygène, la molécule d'ozone résultant alors de la condensation de trois atomes au lieu de deux, et les formules suivantes représenteraient les deux états de l'oxygène, oxygène $O = O$; ozone, $O^2 = O$.

Ce n'est guère que depuis une trentaine d'années que la véritable constitution de l'ozone est établie nettement. Peu de corps, cependant, ont été la source de travaux aussi nombreux : nous rappellerons rapidement les plus saillants, qui montrent toute l'originalité et la perspicacité des esprits qui se sont attachés à l'étude de ce singulier gaz.

L'ozone prend naissance dans l'action des étincelles électriques sur l'air ; son odeur avait frappé les physiciens, au voisinage des machines électriques en activité, et aussi dans l'air après la chute de la foudre ; Van Marum, en 1785, en faisant éclater de fortes étincelles électriques dans une atmosphère d'oxygène, put constater la même odeur, en même temps que l'attaque profonde du mercure au contact de cet oxygène électrisé.

Un demi-siècle plus tard, Schönbein[1] retrouvait, en électrolysant l'eau, cette odeur à l'oxygène dégagé au pôle positif et faisait nombre d'observations ingénieuses sur la production, sur les propriétés caractéristiques de cet oxygène odorant qu'il nomma ozone : il indiquait, entre autres, comme moyen de le reconnaître, son action sur l'iodure de potassium, la mise en liberté d'iode qui en résulte étant caractérisée par la coloration bleue que prend alors le papier amidonné.

L'opinion de Schönbein, qui, d'ailleurs, fut admise à cette époque par un grand nombre de savants, par Williamson[2], par Ozann[3], entre autres, à la suite d'expériences personnelles, faisait de l'ozone un peroxyde d'hydrogène plus oxygéné que le bioxyde.

Les expériences de Marignac[4] et de la Rive ébranlèrent cette hypothèse, en montrant que l'oxygène pur et sec, sous l'influence des étincelles électriques, peut fournir de l'ozone.

Toutefois, un doute demeurait dans les esprits, les quantités si faibles d'ozone, qui se formaient quand on électrise l'oxygène et qui n'atteignaient souvent pas 1/100 du volume gazeux, pouvant être attribuées à des traces d'eau ou d'azote demeurées dans le gaz.

Les expériences de MM. Frémy et Becquerel[5] levèrent toute incertitude à cet égard, en montrant que l'oxygène peut être entièrement transformé en ozone, si l'on prend soin d'absorber ce gaz au fur et à mesure de sa production,

[1] *Bibliothèque universelle de Genève*, t. XXVIII, 1840.
[2] *Annuaire de Chimie* de Millon et Reiset, 1848.
[3] *Journal fur Prak. Chem.*, t. XCII et XCV.
[4] *Ann. Chim. et Phys.* (2), t. XIV, p. 252.
[5] *Ann. Chim. et Phys.* (3), t. XXXV.

afin de le soustraire à une destruction ultérieure due à la chaleur de l'étincelle elle-même.

L'iodure de potassium, l'argent métallique ont l'un et l'autre la propriété d'absorber l'ozone. Une petite quantité de l'un de ces corps fut enfermée dans des tubes remplis d'oxygène pur et sec, qu'on fermait ensuite au chalumeau. Deux fils de platine, traversant les parois, permettaient de faire passer dans ces tubes une série prolongée d'étincelles électriques; celles-ci, brillantes au début, devenaient après un temps assez long presque invisibles.

Les tubes, ouverts alors sur l'eau, se remplissaient presque entièrement de liquide, tout l'oxygène transformé en ozone ayant été, au fur et à mesure de sa production, absorbé par l'iodure de potassium ou l'argent.

Pour se mettre à l'abri de toute critique, ces savants reproduisirent ces expériences en préparant l'oxygène par un grand nombre de procédés différents et en soumettant ce gaz aux purifications les plus minutieuses : les résultats demeurèrent identiques. La formation de l'ozone ne pouvait donc plus être attribuée aux impuretés de l'oxygène, l'hypothèse de Schönbein n'était plus admissible. L'ozone n'était donc que de l'oxygène.

Mais, si ces mémorables expériences montraient que l'ozone n'est que de l'oxygène, elles étaient impuissantes à éclairer les savants sur la nature même de la modification subie par ce dernier gaz, sous l'influence de l'électricité, et n'expliquaient pas les propriétés nouvelles et puissantes qui lui étaient ainsi communiquées et que Marignac avait attribuées à un état particulier d'activité chimique imprimé par l'électricité.

Schönbein, avec sa vive imagination, reprenant cette idée et rapprochant habilement un grand nombre d'observations sur la formation et les propriétés de l'ozone, d'une part, de l'eau oxygénée, d'autre part, avait créé une nouvelle théorie, très ingénieuse et qui rallia nombre d'esprits à son époque. Complètement inadmissible, aujourd'hui que des expériences nouvelles et précises sont venues mieux éclairer cette question, elle n'en offre pas moins un réel intérêt; aussi la rappellerons-nous rapidement.

Schönbein avait, à l'aide de son sensible réactif, trop sensible peut-être, décelé la formation de l'ozone dans un grand nombre de phénomènes d'oxydation lente ou vive; souvent aussi, il avait pu constater dans les mêmes phénomènes la formation simultanée de petites quantités d'ozone et d'eau oxygénée : telles l'oxydation lente du phosphore à l'air, l'électrolyse de l'eau. Rapprochant ces faits de la destruction réciproque que subissent l'ozone et l'eau oxygénée, lorsqu'ils sont mis en présence, pour régénérer de l'eau et de l'oxygène inactif, il avait conclu que l'oxygène actif de l'ozone est différent de l'oxygène actif de l'eau oxygénée, et que la combinaison de ces deux oxygènes inversement polarisés donnait l'oxygène inactif que nous respirons librement. L'ozone étant l'oxygène négatif, il nomma antozone l'oxygène actif positif.

Cette hypothèse expliquait très simplement certaines formations simultanées d'ozone et d'eau oxygénée. Dans l'électrolyse de l'eau, par exemple, l'oxygène se dédoublait en oxygène actif négatif, ou ozone, qui se dégageait, et en oxygène actif positif qui se fixait sur l'eau pour donner l'eau oxygénée.

Il divisa, dans la même pensée, les corps oxygénés en ozonides et antozonides, suivant qu'ils renfermaient l'oxygène actif, négatif ou positif. Ainsi le peroxyde de plomb était un ozonide, $PbO(\overset{-}{O})$; le peroxyde d'hydrogène, un antozonide, $H^2O(\overset{+}{O})$.

En revanche, cette manière de voir ne rendait pas compte d'un certain nombre de phénomènes : on s'expliquait mal, par exemple, ce que devenait l'oxygène positif dans le dédoublement de l'oxygène sec, lorsqu'il se forme de l'ozone. Wurtz fit observer, plus tard, qu'il était inexplicable que la décomposition de l'eau oxygénée par les corps tels que le platine, qu'on ne peut soupçonner renfermer de l'ozone, ne dégageât pas d'antozone au lieu d'oxygène inactif.

Néanmoins, cette théorie se soutint, quoique vivement combattue jusqu'aux expériences d'Andrews et de Soret.

Andrews[1] démontra que l'oxygène, en se transformant en ozone, diminue de volume, ce qui ne pouvait se concilier avec l'hypothèse d'un dédoublement de ce premier gaz, qui eût dû se traduire, au contraire, par un accroissement de volume.

De l'oxygène pur était enfermé dans un récipient cylindrique en verre, traversé par deux électrodes de platine qui permettaient de faire éclater des étincelles électriques à l'intérieur de l'appareil.

Un tube presque capillaire terminait ce récipient et, deux fois recourbé en U, était destiné à fonctionner comme manomètre ; à cet effet, on mettait dans la partie recourbée une petite quantité d'acide sulfurique, qu'on savait sans action sur l'ozone, et on fermait l'extrémité du tube.

Andrews constata que, pendant le passage des étincelles, la pression diminuait dans l'appareil; il y avait donc contraction de l'oxygène, pendant sa transformation en ozone ; cette contraction, assez rapide au début, n'augmentait plus ensuite que lentement et, dans les meilleures conditions (décharges obscures), ne dépassait pas 1/12.

Andrews alors chauffa son tube renfermant de l'ozone, et le porta vers 250°-300°. Ramené à la température initiale, il constata que le gaz enfermé dans l'appareil avait repris le volume qu'il possédait avant l'électrisation.

Les résultats de ces deux expériences capitales : contrac-

[1] *Proceedings of the Roy. Soc.*, n° XCIV.

tion de l'oxygène au moment de sa transformation en ozone, reproduction du volume initial dans la destruction de ce dernier gaz par la chaleur, montrent donc que l'ozone est de l'oxygène condensé ou polymérisé.

Andrews donna à ses expériences une disposition très intéressante : il enferma dans le récipient de son appareil une ampoule fermée contenant un corps capable d'absorber l'ozone (mercure ou iodure de potassium) et il en détermina la rupture seulement après l'ozonisation de l'oxygène. Il observa un fait singulier : le mercure était attaqué ou bien l'iodure de potassium mettait de l'iode en liberté, mais il n'y avait pas de diminution nouvelle de volume. L'ozone, en un mot, était détruit sans changer de volume. La portion d'oxygène absorbée par les réactifs ne tenait donc pas de place, car l'ozone était bien détruit, ainsi que le prouvait l'attaque des réactifs ; d'ailleurs, chauffé, comme précédemment, à 300°, le gaz ne reprenait pas, comme dans la première expérience, son volume primitif.

M. Oddling expliqua ce phénomène, en admettant que, lorsque l'ozone est détruit par l'iodure de potassium ou le mercure, il produit un volume d'oxygène ordinaire égal au sien.

Si nous considérons, en effet, la molécule d'ozone correspondant à deux volumes comme formée de trois atomes d'oxygène, tandis que celle de l'oxygène libre n'en contient que deux, on voit que l'équation suivante peut rendre compte de l'action de l'iodure de potassium ou du mercure :

$$\underset{\text{2 vol. d'ozone}}{O^3} + Hg = HgO + \underset{\text{2 vol. d'oxygène libre}}{O^2}$$

La quantité d'iode mise en liberté est conforme à cette manière de voir.

Certains corps, le chlorure stanneux, l'essence de térébenthine, etc., agissent sur l'ozone d'une façon différente du mercure ou de l'iodure de potassium ; ils le fixent en totalité, ainsi que M. Soret[1] l'a constaté sur de l'ozone de diverses provenances. La contraction ainsi éprouvée par l'oxygène ozonisé est exactement double de l'augmentation de volume que fait subir la chaleur à ce même gaz. M. Soret, en chargeant deux ballons d'un égal volume d'oxygène ozonisé, de même provenance, et en faisant agir l'essence de térébenthine sur l'un, sur l'autre la chaleur au moyen d'une spirale de platine portée au rouge par un courant électrique, put constater que la contraction dans le premier était de $6^{cc},7$, alors que le volume gazeux du second avait augmenté de $3^{cc},3$.

Ces faits sont d'accord avec l'interprétation ci-dessus; l'ozone résulte bien de la condensation de trois atomes d'oxygène pour former une molécule O^3, correspondant au même volume que la molécule O^2 de l'oxygène libre.

D'après cela, la densité de l'ozone doit être une fois et demie celle de l'oxygène, c'est-à-dire 1,658, ou 23,94 par rapport à l'hydrogène.

Cette dernière preuve de la constitution de l'ozone a été donnée par M. Soret. Ce savant a déterminé expérimentalement la densité de l'ozone (qu'on ne peut obtenir que dilué dans un grand excès d'oxygène), en se basant sur la loi de Graham relative à la vitesse de diffusion des gaz au travers d'une ouverture libre et de petites dimensions.

Les vitesses de diffusion des deux gaz sont en raison inverse des racines carrées de leurs densités.

Deux récipients, séparés par une ouverture étroite, renfermaient : l'un, de l'oxygène; l'autre, un mélange d'oxygène et d'un gaz de densité connue, chlore, acide carbonique ou un mélange d'oxygène et d'ozone. En dosant la proportion de gaz diffusée après un certain temps, M. Soret

[1] *Ann. Chim. et Phys.* (4), t. VIII, p. 113; t. XIII, p. 257. — *Comptes rendus*, t. LXXIII, p. 63. — *Bulletin de la Soc. Chim.*, P. — V., p. 253; t. V, p. 424.

put constater que 271 volumes d'ozone se diffusent dans le même temps que 227 volumes de chlore et que 290 volumes d'acide carbonique. La densité de l'ozone était donc intermédiaire entre celle de ces deux gaz, et le calcul suivant :

$$\frac{271}{227} = \frac{\sqrt{35,37}}{\sqrt{x}}$$

donnait pour x densité de l'ozone, par rapport à l'hydrogène, le nombre 24,8, voisin du nombre théorique. L'ozone est donc bien de l'oxygène condensé et sa formule est O^3.

Mais la même question se posait ici comme au début, comme après les recherches de Fremy, d'Andrews : quelle est l'origine de l'activité chimique de l'ozone?

M. Berthelot [1], en déterminant, au moyen de l'oxydation de l'acide arsénieux, la chaleur de formation de l'ozone, a donné l'explication de cette énergie, en démontrant que l'ozone est un corps endothermique, formé avec une absorption de chaleur de $29^{cal},6$.

L'instabilité de l'ozone et l'extrême activité qu'il possède, et qui lui permet des oxydations si puissantes, s'expliquent dès lors par l'énorme énergie potentielle ainsi accumulée dans ce corps au moment de sa formation.

FORMATION ET PRÉPARATION

L'ozone prend naissance par l'action de différents agents : électricité, chaleur, sur l'oxygène, ainsi que dans un certain nombre de réactions chimiques.

Son instabilité empêche de le préparer pur ou même dans un état sensible de concentration aux températures ordinaires ; à très basse température cependant, on peut obtenir de l'oxygène renfermant 50 0/0 d'ozone.

1° FORMATION SOUS L'INFLUENCE DE LA CHALEUR. — L'ozone peut prendre naissance sous l'influence d'une température très élevée, mais dans des conditions spéciales, en employant, comme l'ont fait MM. Troost et Hautefeuille, à qui l'on doit cette remarque très intéressante, le tube chaud et froid de H. Deville. En portant le tube de porcelaine de cet appareil à 1400°, l'oxygène se transforme en ozone et le tube d'argent est oxydé, bien que refroidi à 10° par un courant d'eau froide.

D'ailleurs, en puisant du gaz dans l'appareil, au moyen d'un tube placé à l'intérieur même du tube d'argent et venant s'ouvrir sur la paroi de celui-ci, on peut constater qu'il présente les réactions caractéristiques de l'ozone.

L'état allotropique de l'oxygène présenterait donc, d'après cela, une formation cyclique ; et l'ozone, stable seulement aux températures les plus basses que nous sachions produire, ne pourrait exister aux températures comprises entre 260° et le rouge blanc, mais se formerait de nouveau à partir de cette température. Ce fait est particulièrement singulier chez un corps endothermique.

2° Formation par l'électricité. — L'électricité agit de trois façons différentes, suivant qu'elle s'exerce sous forme d'étincelles, par l'effluve, ou qu'elle produit l'électrolyse.

a) Lorsque l'on fait passer des étincelles électriques dans de l'oxygène, on ne peut transformer qu'une faible partie du gaz en ozone ; la teneur du mélange en ce dernier gaz atteint une limite qu'on ne peut dépasser et qui résulte de l'équilibre de deux actions antagonistes : la formation de l'ozone par l'électricité, — sa destruction par la chaleur développée par l'étincelle.

MM. Frémy et Becquerel ont montré que les rendements diffèrent suivant qu'on emploie les étincelles d'induction ou l'arc électrique ; et le mode d'action de l'électricité dans ces deux cas paraît se rapporter à une action calorifique.

Une température très élevée, mais un échauffement seulement local, suivi d'un refroidissement brusque, paraissent convenir le mieux à la formation de l'ozone et l'on pourrait trouver quelque analogie entre ce phénomène et celui qui s'effectue dans le tube chaud et froid. Il serait intéressant de voir si la proportion d'ozone croît, dans ce dernier cas, avec l'élévation de la température, ce qui paraît découler de l'ensemble des faits connus.

b) *Effluve*. — Quand on fait agir l'électricité sous forme d'effluve, comme l'ont fait, en premier lieu, MM. Frémy et Becquerel, les rendements en ozone sont meilleurs, surtout si l'on prend soin d'opérer à basse température. Andrews, Mailfert avaient fait cette dernière remarque et MM. Hautefeuille et Chappuis ont montré qu'en opérant à la température d'ébullition du protoxyde d'azote, on arrivait à produire de l'oxygène renfermant 50 0/0 d'ozone.

Si la température a la plus grande action sur la formation de l'ozone, il n'en est pas de même de la pression, dont le rôle est plus effacé, comme l'ont fait voir les deux savants que je viens de citer. Elle ne se manifeste d'une façon importante qu'aux basses températures. Mais la présence de l'azote favorise la formation de l'ozone, et la teneur rapportée à l'oxygène augmente très sensiblement. L'hydrogène exerce une action semblable, plus prononcée même, que celle de l'azote. Le chlore empêche l'ozonisation de se produire.

Ce mode de formation de l'ozone est celui qui permet le plus aisément de l'obtenir, et plusieurs appareils ont été imaginés successivement par de Babo[1], Houzeau[2], Thénard. Je décrirai seulement celui de M. Berthelot[3], qui est à la fois le plus simple et le plus commode et qui est presque uniquement employé pour la préparation de l'ozone.

Cet ozoniseur est constitué par un tube de verre assez

[1] *Ann. der Chem. und pharm.*, t. CXI.
[2] *Ann. de Ch. et de Phys.* (4), t. XXII, p. 150.
[3] *Ann. de Chim. et de Phys.* (5), t. X, p. 75.

large, fermé d'un bout et auquel sont soudés, au voisinage des extrémités, deux petits tubes de dégagement. Dans ce tube prend place un deuxième tube, également en verre, d'un diamètre légèrement inférieur, fermé à l'extrémité qui correspond au fond du tube extérieur et fixé sur la partie ouverte de ce dernier par un rodage à l'émeri. Un espace annulaire demeure entre ces deux organes et permet, au moyen des deux petits tubes abducteurs, d'y faire circuler le courant d'oxygène qui doit s'y trouver soumis à l'effluve. Ce tube intérieur est rempli d'acide sulfurique, qu'un fil de platine met en relation avec l'une des bornes d'une bobine de Rumkorf. Le tube extérieur baigne dans de l'acide sulfurique, enfermé dans une éprouvette à pied et qui est réuni de même par un fil métallique à la deuxième borne de la bobine. Ce dispositif est extrêmement commode, peu fragile et ne renferme pas de matière attaquable par l'ozone, telles que le liège, le caoutchouc, etc. De plus, on peut lui donner de grandes dimensions et il se prête à une réfrigération extérieure dont, nous l'avons vu, l'importance sur les rendements est considérable.

c) *Électrolyse de l'eau.* — C'est Schönbein qui, le premier, observa la formation d'oxygène odorant dans l'électrolyse de l'eau. Faraday, en mesurant le volume de l'oxygène dégagé dans l'électrolyse et le comparant à celui de l'hydrogène, a remarqué que le premier est inférieur à la moitié du second et attribua cet écart à la formation d'eau oxygénée. M. Berthelot[1] a repris avec beaucoup de soin cette étude de l'électrolyse de l'eau acidulée d'acide sulfurique et a constaté qu'il se formait simultanément de l'ozone, de l'eau oxygénée et de l'acide persulfurique. Il a observé également que l'ozone se forme même par un courant de 2 daniels, mais seulement si la résistance est faible et les éléments de grande surface; avec de grandes résistances, il ne se fait

[1] *Comptes rendus*, t. LXXXVI, p. 71, 1878.

plus d'ozone, à moins d'employer 5 ou 6 daniels. Meidinger [1] avait remarqué que, lorsqu'on emploie de l'eau acidulée de 1,4 de densité, le rapport des volumes d'oxygène à celui d'hydrogène peut tomber de 1/2 à 1/3.

En remplaçant l'acide sulfurique par l'acide phosphorique, il ne se forme que de très petites quantités d'ozone (Berthelot). La nature de l'électrolyte joue donc un certain rôle dans la formation de l'ozone; Andrews a étudié les meilleures conditions de formation de ce gaz, en faisant varier cet électrolyte et aussi la nature des électrodes; celles-ci doivent être faites d'un métal inoxydable, or, platine, etc. Cependant G. Planté [2] a remarqué que les électrodes de plomb donnaient, toutes choses égales d'ailleurs, 50 0/0 d'ozone de plus que les électrodes de platine.

M. Soret a, enfin, observé que la proportion d'ozone était d'autant plus considérable que l'électrolyse est effectuée à plus basse température.

3° Formation par réactions chimiques. — Schönbein, lorsqu'il eut découvert dans l'iodure de potassium amidonné un réactif sensible de l'ozone, observa les réactions de ce gaz dans un grand nombre de phénomènes chimiques d'ordres divers.

L'ozone prend naissance dans les oxydations lentes, les combustions vives et dans la décomposition par les acides de plusieurs peroxydes, etc., dans l'action du fluor sur l'eau.

Oxydations lentes. — Le phosphore, en s'oxydant à l'air humide, donne de l'ozone, et Schönbein a constaté que la présence de l'eau était essentielle; l'oxygène sec ne fournit pas d'ozone. Certaines précautions sont nécessaires pour obtenir ce gaz dans l'oxydation du phosphore: il faut opérer à une température supérieure à 7° ou 8°. A 0°, il ne

[1] *Ann. der Chem. und Pharm.*, t. LXXXVIII, 1853.
[2] *Comptes rendus*, t. LXXIII, p. 63.

se forme pas d'ozone, et c'est seulement vers 6° que ce gaz commence à prendre naissance. Leeds [1] est arrivé, à ce sujet, aux mêmes conclusions que Schönbein. Ce phénomène est intimement lié à celui de la *phosphorescence*, et c'est à cette même température, 6° à 7°, que cesse, sous la pression normale, la manifestation de ce dernier phénomène quand on refroidit l'oxygène (Joubert) [2].

Mais, si on rarifie l'oxygène ou si on le dilue dans un gaz inerte, azote, hydrogène, acide carbonique, il peut à une température inférieure à 6° donner de l'ozone et aussi provoquer la phosphorescence; d'une façon générale, toutes les causes qui empêchent ce dernier phénomène de se produire empêchent aussi la formation de l'ozone: telle est l'action de l'essence de térébenthine, celle de l'acide sulfureux, des vapeurs nitreuses.

Le phosphore lui-même détruit l'ozone, ce qui explique la nécessité de faire passer l'oxygène ou l'air rapidement sur ce corps pour obtenir de l'oxygène ozonisé.

Schönbein a constaté également la formation d'ozone pendant l'oxydation lente d'un grand nombre de matières organiques. L'essence de térébenthine, agitée à l'air, absorbe, sous l'influence de la lumière, une certaine quantité d'oxygène, et acquiert des propriétés oxydantes analogues à l'essence qui a dissous l'ozone. Elle bleuit l'iodure de potassium amidonné, décolore l'indigo, transforme l'acide sulfureux en acide sulfurique, le sucre en acide oxalique.

M. Berthelot [3], qui a étudié avec soin ce phénomène, a montré que l'oxygène est fixé sous trois états : une portion est à l'état de simple dissolution et peut être chassée par un autre gaz; une deuxième portion s'y trouve sous forme peu stable et capable de se porter sur les corps oxydables, tels

[1] *Ann. Chem. Pharm.*, 198-30.
[2] *Thèse* de doctorat ès sciences.
[3] *Ann. Chim. et Phys.*, 1860, t. LXXVIII, p. 476.

que l'indigo, le pyrogallate de potasse; enfin, une dernière partie est définitivement combinée sous forme d'une matière résineuse incapable d'agir sur l'indigo; M. Houzeau a démontré que l'ozone ne peut être extrait par le vide de cette essence, et que l'action de la chaleur en dégage de l'oxyde de carbone.

Diverses essences jouissent de la même propriété : telles sont l'essence d'amandes amères [1], l'essence de cannelle ; et M. Berthelot [2] a reconnu qu'un grand nombre de carbures aromatiques présentent un phénomène analogue. Fudakowski [3] a vu qu'il en était de même pour les portions des pétroles bouillant avant 100°.

Combustions vives. — La formation de l'ozone dans les combustions vives a été l'objet d'un grand nombre de discussions et la question ne paraît pas résolue définitivement.

Loew [4] admet cette formation, mais il explique que l'ozone est détruit par la température élevée et qu'il faut refroidir la flamme pour dénoter sa présence.

Ilosvay de Ilosva [5] nie cette formation.

Leeds [6] n'admet pas davantage la formation de l'ozone dans la décomposition des matières oxygénées par la chaleur.

Action de l'acide sulfurique sur le bioxyde de baryum. — M. Houzeau [7], qui a signalé ce mode de formation d'ozone, recommande d'éviter une élévation de la température supérieure à 60°. Cette réaction ne fournit qu'une petite quantité d'oxygène ozonisé, ce que M. Houzeau attribue à l'hydratation croissante de l'acide ; en employant, d'ailleurs,

[1] Schoenbein, *Ann. de Chim. et de Phys.* (3), t. LII, p. 221.
[2] *Bull. Soc. Chim.*, t. VII.
[3] *Deutsche Chem. Gesell.*, t. VI, p. 106.
[4] *Deutsche Ch., G.* t. XXII, p. 3325.
[5] *Bull. Soc. ch.* (3), t. II, p. 734.
[6] *Deutsche Ch. G.*, t. XIII, p. 2351.
[7] *Ann. de Chim. et de Phys.* (3), t. LXII, p. 137.

de l'acide contenant 1/10 d'eau, il a constaté qu'il ne se formait pas d'ozone. Le mieux est d'employer 6 gr. de bioxyde de baryum en fragments, et huit fois ce poids d'acide sulfurique monohydraté.

L'action de l'acide sulfurique sur le permanganate de potasse donnerait également de l'ozone suivant un grand nombre d'auteurs. M. Ilosvay de Ilosva [1] a contesté ce fait et attribué les réactions données par le gaz qui se dégage à la présence d'acide permanganique anhydre.

Les décompositions de certains composés oxygénés par l'*effluve*, tels que l'eau (Deherain et Maquenne) [2], l'acide carbonique (Berthelot), donnent naissance également à de l'ozone.

Action du fluor sur l'eau. — Ainsi que l'a montré M. Moissan [3], le fluor décompose l'eau, s'empare de l'hydrogène pour former de l'acide fluorhydrique et met l'oxygène en liberté. Si l'on opère avec un grand excès d'eau, le gaz renferme une faible proportion d'ozone; mais par le dispositif suivant, M. Moissan a obtenu de l'ozone très concentré. Un tube de platine assez long, terminé par deux lames de fluorine, est rempli de fluor; par un tube latéral, on introduit une gouttelette d'eau dans l'appareil; on voit alors le tube s'obscurcir et devenir complètement opaque. Si on laisse diffuser les gaz, on voit bientôt apparaître la coloration bleu indigo caractéristique de l'ozone. C'est le seul exemple de formation chimique d'ozone concentré.

PROPRIÉTÉS PHYSIQUES

L'odeur caractéristique de l'ozone, qui est celle qu'émet le phosphore à l'air humide, a guidé les premiers chimistes qui se sont occupés de la recherche de ce corps. Elle est,

[1] *Bull. Soc. Chim.* (3), t. II, p. 357 et 734.
[2] *Comptes rendus*, t. XCIII, p. 895.
[3] *Ann. de Chim. et de Phys.* (6), t. XXIII.

en effet, d'une intensité telle qu'il suffit d'un millionième d'ozone dans l'air pour le rendre odorant. Ce gaz, même dilué de 100 volumes d'air, exerce une action dangereuse sur les voies respiratoires. Sa saveur a souvent été comparée à celle du homard.

Comme on ne l'obtient jamais pur, qu'au contraire l'oxygène soumis à l'effluve, à la température ordinaire, n'en renferme que 2 ou 3 centièmes, ses propriétés physiques sont restées longtemps indéterminées. C'est à MM. Hautefeuille et Chappuis[1] qu'on doit surtout l'étude physique de ce gaz; ces savants, en soumettant l'oxygène à l'effluve et en ayant soin d'opérer dans le chlorure de méthyle en ébullition, c'est-à-dire à — 23°, ont pu obtenir de l'oxygène riche en ozone et tenter sa liquéfaction.

L'oxygène ozonisé, préparé comme il vient d'être dit, était dirigé au travers du réservoir de l'appareil de M. Cailletet, refroidi lui-même dans le chlorure de méthyle.

Couleur. — Le tube, rempli de gaz et fermé, était mis en place dans l'appareil, et le gaz comprimé au moyen de mercure à 0°, et en évitant une compression trop rapide. La surface du mercure se recouvre d'une mince couche d'oxyde qui préserve le gaz d'une destruction plus avancée par le métal. Bientôt apparaît une teinte bleue dans le tube capillaire de l'appareil, et cette teinte devient indigo quand la tension de l'ozone a atteint plusieurs atmosphères.

Cette couleur peut s'observer, d'ailleurs, sous la pression ordinaire en faisant passer le gaz produit par l'effluve à basse température dans un tube de 1 mètre de longueur. MM. Hautefeuille et Chappuis ont considéré la coloration bleue offerte par l'atmosphère quand le ciel est pur comme due surtout à la présence de l'ozone.

[1] *Comptes rendus*, t. XLI et t. XLII.

M. Chappuis[1] a, d'autre part, étudié le spectre de l'oxygène ozonisé, et il a constaté la présence de onze bandes obscures, situées dans la partie visible du spectre, et dont plusieurs coïncident avec les bandes telluriques. M. Hartley, en comparant le spectre ultra-violet de l'ozone au spectre solaire est arrivé aux mêmes conclusions.

Liquéfaction. — Pour liquéfier l'ozone, MM. Hautefeuille et Chappuis ont comprimé à 75 atmosphères dans l'appareil de M. Cailletet l'oxygène riche en ozone qu'ils ont ensuite laissé se détendre brusquement. Ils ont alors observé la formation d'un brouillard blanc, qu'on ne pouvait attribuer à l'oxygène, ce gaz ne fournissant un semblable phénomène de liquéfaction et solidification que lorsque, comprimé à 300 atmosphères, il est détendu subitement. Afin de déterminer approximativement le point de liquéfaction de l'ozone, MM. Hautefeuille et Chappuis ont ensuite comparé les phénomènes offerts par des mélanges équiproportionnels d'oxygène et d'ozone, d'oxygène et d'acide carbonique, et ils ont conclu que l'ozone est un peu plus difficilement liquéfiable que l'acide carbonique.

Pour diminuer le retard qu'apporte à la liquéfaction la présence d'un gaz permanent, ces savants ont ajouté à l'oxygène ozonisé une certaine quantité d'acide carbonique, en ayant soin de refroidir le tube de l'appareil à — 23°.

En comprimant lentement le mélange, il se forme un liquide coloré en bleu, et le gaz qui le surmonte offre la même coloration.

En effectuant une détente suivie d'une compression nouvelle, on voit se former une couche liquide bleue, plus colorée que le gaz : c'est de l'ozone liquéfié à la faveur du froid produit par la détente, et dissous dans l'acide carbonique liquide ; en effet, la température s'élevant lentement,

[1] *Comptes rendus*, t. XCI, p. 985.

le gaz et le liquide ne tardent pas à reprendre la même coloration.

En reproduisant ces expériences avec des températures plus basses, MM. Hautefeuille et Chappuis ont pu d'abord obtenir de l'oxygène ozonisé à 50 0/0 d'ozone, en soumettant l'oxygène à l'effluve à la température de l'ébullition du protoxyde d'azote, — 88°.

En refroidissant le tube capillaire de l'appareil Cailletet à — 88° et enfin à — 105° au moyen de l'éthylène liquide, et en détendant le gaz comprimé à 125 atmosphères, ces savants ont vu l'ozone se liquéfier en gouttelettes d'un bleu indigo.

Enfin, récemment, en faisant passer l'oxygène ozonisé dans un tube refroidi à — 181°, au moyen de l'oxygène liquide, on a pu condenser l'ozone sous forme d'un liquide bleu indigo, bouillant à — 106° sous la pression atmosphérique.

Suivant certains auteurs (Carius, Leed), l'ozone serait un peu soluble dans l'eau. M. Berthelot[1] le considère, au contraire, comme à peu près insoluble dans ce liquide.

Il se dissout dans diverses essences, mais on ne peut l'en extraire ensuite.

D'après Tyndall[2], l'ozone a un très grand pouvoir absorbant pour la chaleur rayonnante.

M. H. Becquerel[3] a observé que ce gaz possède aussi un magnétisme spécifique plus grand que l'oxygène, et que le rapport de ces deux valeurs est supérieur au rapport des densités des deux gaz.

Nous avons vu que la densité, obtenue pour l'ozone par M. Soret, est de 1,658.

Chaleur de formation. — M. Berthelot, pour déterminer

[1] *Ann. de Chim. et de Phys.* (5), t. XXI.
[2] *La Chaleur* de John Tyndall, 2e édit. française, p. 33.
[3] *Comptes rendus*, t. XCII, p. 348.

la chaleur absorbée par l'ozone au moment de sa formation, a mesuré la chaleur de destruction de ce gaz. Il le faisait agir, au sein du calorimètre, sur une solution d'acide arsénieux qui est transformé en acide arsenique. La chaleur correspondant à la transformation de l'acide arsénieux en acide arsenique, déterminée indirectement, est égale à 19,6 calories.

Le poids de l'ozone qui agit sur l'acide arsénieux était calculé en admettant que ce poids est triple de celui de l'oxygène fixé par l'acide arsénieux.

Ainsi, 8 grammes d'oxygène fixés par l'acide arsénieux, correspondant donc à 24 grammes d'ozone détruits, ont dégagé + 34,4 calories. La décomposition d'une molécule d'ozone, O^3, soit 48^{gr}, dégage donc $29^{cal},6$.

L'ozone est donc formé avec une absorption de chaleur de $29^{cal},6$, et, comme l'a fait remarquer M. Berthelot, cette absorption de chaleur est d'autant plus remarquable qu'elle est accompagnée d'une contraction, alors qu'ordinairement un dégagement de chaleur est la conséquence d'une condensation.

PROPRIÉTÉS CHIMIQUES

L'ozone jouit de propriétés beaucoup plus actives que l'oxygène, même humide ; sa nature endothermique explique cette énergie par la chaleur emmagasinée dans ce corps et qui devient disponible au moment de sa destruction.

La chaleur décompose facilement l'ozone, et, à 237°, ce gaz est entièrement détruit.

Si on comprime brusquement l'oxygène riche en ozone, l'élévation de température détruit ce gaz, et la quantité de chaleur libérée porte le gaz à une température très élevée ; une explosion violente se produit, accompagnée d'un éclair jaune.

L'étincelle électrique détruit l'ozone, et de l'oxygène, riche en ozone, est ramené à la teneur de quelques centièmes.

M. Berthelot [1] a étudié la stabilité de ce corps, et il a montré que ce gaz est détruit lentement, même à la température ordinaire, et que la vitesse de cette destruction augmente avec la richesse en ozone, ce qui explique la difficulté qu'on rencontre à dépasser certaines limites. L'ozone n'a pas, d'ailleurs, de tension finie de dissociation, ce qui est d'accord avec sa formation endothermique et contraste avec les polymères formés avec dégagement de chaleur étudiés par M. Troost.

L'humidité n'accélère pas la destruction de ce gaz.

Le chlore détruit rapidement l'ozone (Hautefeuille et Chappuis).

L'ozone agit sur l'iode (Ogier)[2] et donne plusieurs dérivés oxygénés de ce corps. Le soufre, le sélénium, le tellure sont oxydés (Mailfert) [3]. Il en est de même du phosphore.

Un grand nombre de métaux sont oxydés aussi par l'ozone, surtout si ce gaz est humide. Il en est ainsi du fer, du zinc, du mercure, de l'argent. Le noir de platine le détruit sans varier de poids (Mulder et Van der Meulen [4]).

Schönbein avait annoncé qu'en présence d'une base forte l'azote se combine à l'ozone pour former un azotate.

M. Berthelot [5] a contesté l'exactitude de cette réaction.

MM. Hautefeuille et Chappuis, en soumettant un mélange d'oxygène et d'azote à l'action de l'effluve, de tension assez forte pour produire beaucoup d'ozone, mais insuffisante pour engendrer l'acide hypoazotique, ont constaté la formation d'un corps très instable, l'acide pernitrique, offrant au spectroscope des bandes caractéristiques.

[1] *Comptes rendus*, t. LXXXVI, p. 76.
[2] *Comptes rendus*, t. LXXXVI, p. 722.
[3] *Comptes rendus*, t. XCIV, p. 1186.
[4] *Comptes rendus*, 1877.
[5] *Rec. des Travaux chimiques des Pays-Bas.*

Les hydracides sont décomposés par l'ozone, avec formation d'eau et mise en liberté du métalloïde qui peut être oxydé.

L'acide chlorhydrique en solution, traité par un courant d'oxygène ozonisé, donne du chlore qu'on peut mettre en évidence en plaçant une feuille d'or dans le liquide. L'acide sulfhydrique est détruit de même, et le soufre transformé en acide sulfurique. L'acide sulfureux, l'acide arsénieux et, en général, les acides susceptibles de passer à un degré supérieur d'oxydation sont oxydés ; on obtient avec ceux-ci les acides sulfurique et arsenique.

Le gaz ammoniac est décomposé ; ses éléments, oxydés ; il se forme de l'eau et des acides azoteux et azotique qui s'unissent au gaz en excès.

Le phosphure d'hydrogène est de même oxydé avec dégagement de lumière ; de l'acide phosphorique prend naissance.

Les oxydes sont peroxydés : ainsi la potasse donne du peroxyde de potassium ; les protoxydes de thallium et de plomb, des peroxydes.

Plusieurs sulfures, les sulfures de plomb, de cuivre, d'antimoine, de zinc, les sulfures alcalins et alcalino-terreux, quelques hyposulfites sont changés en sulfates. Il en est de même des sulfures de nickel, du cobalt ; mais ils sont ensuite transformés en peroxydes et acide sulfurique. Les sulfures de platine, d'argent, de bismuth donnent aussi de l'acide sulfurique libre (Maillefert).

Les sels au minimum sont également oxydés. En faisant passer dans une solution des sels de protoxydes de fer, de cobalt ou de nickel un courant d'oxygène ozonisé, il se précipite des peroxydes.

Les sels de protoxyde de manganèse subissent une action analogue et on obtient un précipité brun d'hydrate de protoxyde de manganèse, avec une liqueur neutre de sulfate ;

avec une liqueur acide, il se forme de l'acide permanganique et, si la liqueur est très acide (30 0/0 d'acide sulfurique), c'est du sulfate de peroxyde qui se forme (Maquenne). L'azotate et le chlorure de manganèse donnent lieu aux mêmes observations que le sulfate.

L'iodure de potassium, ainsi que l'a observé Schönbein, est transformé en potasse avec mise en liberté d'iode. Toutefois, un excès d'ozone peut faire passer l'iode à l'état d'acide iodique, qui est sans action sur l'amidon.

Matières organiques. — L'ozone est absorbé par un certain nombre d'essences, celle de térébenthine, en particulier ; mais ce n'est point une dissolution ; on ne peut en extraire de nouveau l'ozone (Houzeau), et M. Berthelot a montré que l'oxygène était fixe de trois manières différentes, comme nous l'avons indiqué déjà.

L'ozone oxyde l'alcool qu'il transforme en aldéhyde, puis en acide acétique ; il décolore un grand nombre de matières colorantes organiques.

D'après MM. Houzeau et Renard[1], il agit sur la benzine en donnant des acides formique et acétique et une matière blanche explosive, l'ozobenzine, dont l'existence a été contestée par Leeds[2].

M. Berthelot[3], en oxydant l'éther anhydre par un courant d'oxygène ozonisé jusqu'à disparition de l'éther, a obtenu le peroxyde d'éthyle, liquide dense, sirupeux, qui détone par la chaleur et que l'eau décompose en alcool et eau oxygénée. MM. Dunstan et Dymond[4] ont observé de même la formation d'eau oxygénée, en agitant avec l'eau l'éther soumis à l'action de l'ozone ; la cause est évidemment la même. Une solution de tannin est transformée par l'ozone en acide oxalique.

[1] *Comptes rendus*, t. LXXVI, p. 572.
[2] *Deutsche. Ch. Gesell.*, t. XIV, p. 975.
[3] *Comptes rendus*, t. XCIII, p. 895 (1881).
[4] *Chemical Society*, t. LVII, p. 574.

M. Maquenne, en faisant agir l'ozone sur le gaz d'éclairage, a obtenu, comme principaux produits de la réaction, l'acide formique, l'aldéhyde méthylique. Cependant le formène pur n'est pas oxydé par l'ozone ; mais un mélange d'oxygène et de formène soumis à l'effluve donne de l'acide formique et de l'aldéhyde méthylique (Maquenne).

D'après Mailfert, le formène, l'éthylène sont oxydés et donnent de l'acide carbonique et des acides formique et acétique ; l'acétylène fournirait seulement de l'acide carbonique et de l'acide formique.

État naturel. — La présence normale de l'ozone dans l'atmosphère a été très discutée et aujourd'hui encore les avis semblent partagés. Sans entrer dans le détail de ces controverses nous rappellerons rapidement les recherches les plus importantes à ce sujet.

C'est Schönbein qui, le premier, constata la présence de l'ozone dans l'atmosphère, et il attribua sa formation à divers phénomènes : électrisation de l'air, oxydation lente des essences et des matières organiques diverses. Il employait, pour dénoter la présence de l'ozone, le papier ioduro-amidonné ; ce réactif a le défaut de bleuir par d'autres actions que celle de l'ozone, sous l'influence des vapeurs nitreuses et, comme le montra Cloez[1], sous l'action des essences émises par certaines plantes. L'air humide, sous l'influence solaire, produit le même phénomène.

Bineau[2] combattit les conclusions de Cloez en observant que l'action des huiles essentielles est liée à une formation préalable d'ozone.

M. Houzeau proposa de remplacer le papier de Schönbein par des bandes de papier de tournesol, rouge vineux, imprégnées sur une moitié seulement d'iodure de potassium. Sous l'influence de l'ozone, la partie iodurée doit seule bleuir,

[1] *Comptes rendus*, t. XLIII, p. 38.
[2] *Comptes rendus*, t. XLIII, p. 162.

par une mise en liberté de potasse. L'autre partie ne doit pas varier de teinte, si l'atmosphère ne contient ni vapeurs acides, ni vapeurs alcalines ; de plus, le chlore est sans action sur ce papier. M. Houzeau constata ainsi que l'atmosphère des campagnes renferme généralement de l'ozone, et il démontra que cette coloration se produisait alors qu'il était impossible de dénoter la présence d'une trace de vapeur nitreuse. Andrews, d'autre part, portant à 260° de l'air qui donnait une réaction au papier Houzeau, constata qu'il perdait cette propriété, alors que l'air rendu artificiellement actif par des traces de chlore ou de vapeurs nitreuses conservait ses propriétés actives après avoir été de même chauffé à 260°, et bleuissait le papier après comme avant.

Nous n'insisterons pas davantage sur cette question, non plus que sur l'influence accordée à l'ozone naturel dans la destruction des germes morbides de l'air ; les observations sur ce sujet ne sont pas encore décisives.

RECHERCHE ET ANALYSE

Les principaux caractères distinctifs de l'ozone sont les suivants :

L'iodure de potassium additionné d'empois d'amidon fournit une coloration bleue, par suite de mise en liberté d'iode, et Schönbein, qui découvrit cette réaction de l'ozone, employait ce réactif en en imprégnant des bandes de papier, et déduisait de la coloration la proportion d'ozone renfermée dans l'air.

M. Houzeau a montré que cette coloration n'est pas constante et varie avec le degré d'humidité et avec la température ; de plus, un certain nombre de corps, le chlore, le brome, les vapeurs nitreuses, l'eau oxygénée fournissent avec ce papier une même coloration bleue. Aussi a-t-il proposé d'imprégner d'iodure de potassium seulement une moitié des bandes de papier préalablement trempées dans le tournesol vineux, comme nous venons de l'indiquer. L'eau oxygénée cependant agit comme l'ozone sur ce papier, et il en est de même des vapeurs nitreuses.

Aussi est-il nécessaire de laver préalablement le gaz à essayer avec une solution alcaline faible.

Schönbein a indiqué un autre réactif de l'ozone, le protoxyde de thallium. Un papier imprégné de ce corps brunit sous l'action de l'ozone et a l'avantage de ne pas éprouver de variation de teinte sous l'influence des vapeurs nitreuses; mais il ne faut pas oublier que l'hydrogène sulfuré le noircit et qu'il ne doit être employé qu'à côté d'un papier au plomb qui doit demeurer incolore. Pour augmenter sa sensibilité, Schönbein conseille de le tremper dans la teinture de gaïac qui bleuit par le peroxyde de thallium formé.

D'après M. Chappuis, l'action de l'ozone sur la vapeur de phosphore est très sensible : si on fait arriver, dans un vase renfermant du phosphore et de l'oxygène sec, un gaz renfermant une trace d'ozone, il se produit aussitôt une phosphorescence.

Wurster a préconisé l'emploi d'un papier imprégné de tétraméthylparaphénylène diamine qui passe au bleu violet, puis se décolore ; — mais ce réactif n'est pas spécial à l'ozone.

D'après M. Caseneuve[1], ce réactif donne des colorations différentes pour l'ozone et l'eau oxygénée, ce qui lui fait penser que l'oxygène actif de ces deux corps est à un état différent.

Dosage de l'ozone. — M. Houzeau, pour doser l'ozone, fait agir le gaz à essayer sur une solution d'iodure de potassium et titre la potasse formée; il faut ajouter de l'acide sulfurique titré avant de faire passer le gaz pour éviter la

[1] *Bull. Soc. chim.*, 1891.

formation d'iodate, et opérer dès lors en liqueur très étendue pour éviter la décomposition de l'iodure.

M. Soret[1] a dosé l'ozone en utilisant l'oxydation que subit, sous son influence, l'acide arsénieux. Une certaine quantité de liqueur titrée de ce dernier corps est titrée de nouveau au moyen de chlorure de chaux après passage du gaz.

On peut doser l'acide arsénieux restant, avec le permanganate de potasse, comme l'ont fait MM. P. et A. Thénard.

A l'observatoire de Montsouris, afin d'obtenir une absorption immédiate de l'ozone de l'air, on ajoute de l'iodure de potassium à de l'arsenite de potasse en solution étendue ; l'iode mis en liberté par l'ozone, fait passer l'arsenite à l'état d'arseniate ; on titre l'arsenite non transformé au moyen d'une dissolution titrée d'iode, en présence d'empois d'amidon et après avoir eu soin d'ajouter un peu de carbonate d'ammoniaque.

Usages. — L'ozone n'a pas encore pris un rôle important dans l'industrie, mais les tentatives sont encore peu nombreuses ; elles ont surtout porté sur le blanchiment, à cause du rôle qu'on a cru pouvoir attribuer à l'ozone dans le blanchiment des toiles à l'air. On a tenté également de l'employer à la désinfection des alcools, à la fabrication du vinaigre ; il ne paraît pas douteux que ses propriétés oxydantes si énergiques ne trouvent une application dans les arts, aujourd'hui surtout que les progrès de l'électricité peuvent permettre aisément sa préparation industrielle.

[1] *Comptes rendus*, t. LXXXVIII, p. 445.

SOUFRE

Le soufre existe sous un nombre considérable d'états différents, tantôt cristallisé et se présentant alors sous plusieurs formes distinctes, tantôt amorphe et doué de propriétés diverses, suivant les conditions qui ont présidé à sa formation, suivant les composés sulfurés qui lui ont donné naissance et dont il semble avoir reçu une constitution spéciale pour chacun d'eux.

M. Berthelot[1], dans une étude très étendue sur les divers états du soufre, a distingué deux états essentiels, limites stables auxquelles tous les autres peuvent être réduits :

« 1° Le soufre octaédrique ou soufre électro-négatif, jouant le rôle d'élément comburant;

2° Le soufre électro-positif ou soufre combustible, amorphe en général, et insoluble dans les dissolvants proprement dits. »

A ces deux états principaux se ramènent tous les autres. Au soufre octaédrique peuvent être rattachés le soufre prismatique et le soufre mou émulsionnable des polysulfures, qu'on voit se transformer spontanément en soufre octaédrique; la caractéristique de ces variété est leur solubilité commune dans le sulfure de carbone.

« Au soufre électro-positif, écrit M. Berthelot, se rattachent un grand nombre de variétés plus ou moins distinctes que je crois pouvoir réduire à trois principales, toutes trois

[1] *Ann. de Ch. et de Phy.* (3), t. XLIX.

amorphes, mais moins stables que celle qui précède, à savoir : le soufre mou des hyposulfites, le soufre insoluble obtenu en épuisant la fleur de soufre par l'alcool et par le sulfure de carbone, et le soufre insoluble obtenu en épuisant par le sulfure de carbone le soufre mou obtenu sous l'influence de la chaleur. »

Ces variétés ont pour caractère commun l'absence de toute forme cristalline et l'insolubilité dans le sulfure de carbone.

Ces divers soufres électro-positifs, sous diverses actions, en particulier sous celles de la chaleur et d'un refroidissement convenable, peuvent perdre leurs caractères distinctifs et se transformer en soufre soluble dans le sulfure de carbone, et cristallisable : en soufre octaédrique.

Le soufre octaédrique peut donc être considéré comme la forme normale de ce métalloïde à l'état solide.

Le soufre nous offre un exemple de plusieurs types d'allotropie.

D'abord, par ses deux formes cristallines, il se présente à nous comme un des cas les plus intéressants d'isomérie physique chez les éléments.

Les nombreuses variétés de soufre mou et de soufres insolubles, de diverses provenances, ne peuvent guère s'expliquer que par les isoméries chimiques, dont M. Berthelot a étudié les divers cas, et dont il a établi la classification. (Leçons professées à la Société chimique.) « Un grand nombre de faits, relatifs à l'allotropie, dit-il, peuvent s'expliquer par une certaine permanence des propriétés des composés, jusque dans les éléments dégagés de ces mêmes composés. » Et plus loin : « Il me paraît incontestable que plusieurs des états multiples du soufre, sont corrélatifs avec la nature des combinaisons dont ils dérivent : ou, pour mieux dire, dépendent de deux causes : la nature des combinaisons génératrices et les conditions de la décomposition. »

C'est ainsi que le soufre électro-négatif, ou soufre octaédrique, prend seul naissance dans la décomposition des polysulfures par un acide, tandis qu'il se forme presque exclusivement du soufre insoluble dans la décomposition ménagée du chlorure de soufre par l'eau. C'est encore une autre variété de soufre insoluble qui apparaît, lorsque les hyposulfites ou les composés thioniques sont détruits rapidement par les acides concentrés. Ces divers soufres jouissent d'aptitudes très diverses à entrer en combinaison : le soufre octaédrique, par exemple, se combine plus facilement au mercure que le soufre insoluble ; mais les agents oxydants et les sulfites alcalins réagissent plus promptement sur ce dernier. En général, ainsi que l'a observé M. Berthelot, chacun des soufres manifeste une aptitude plus grande à entrer dans l'ordre des composés qui est particulièrement propre à lui donner naissance. Et cette tendance est si grande que, lorsqu'on fait agir, sur un soufre insoluble, un réactif capable de se combiner au soufre octaédrique, on voit le soufre insoluble se modifier, se transformer en soufre électro-négatif, puis effectuer la combinaison à laquelle celui-ci seul est apte : telle est l'action des alcalis ou des sulfures alcalins.

Le phénomène inverse peut s'observer également : le soufre octaédrique se transforme en soufre insoluble, du moins superficiellement, sous l'influence de l'acide nitrique, ce réactif dissolvant plus rapidement le soufre insoluble que le soufre octaédrique, et l'on peut considérer que c'est seulement le soufre insoluble qui se peut combiner ainsi à l'oxygène.

Enfin ce métalloïde présente également un cas de polymérie, ainsi que le prouvent les valeurs de sa densité de vapeur. Celle-ci qui, à 860°, de même qu'à 1040°, est de 2,23 [1], est trois fois plus considérable au voisinage de son

[1] H. Deville et Troost, *Ann. de Chim. et de Phys.*, t. LVIII.

point d'ébullition. A 500° (Dumas), à 440° et 360°, sous pression réduite (Troost)[1], elle est égale à 6,6, et indépendante de la pression. On peut donc rapprocher ce fait de celui que nous présente l'ozone, et admettre que la densité triple de la densité normale, offerte par le soufre à 500° s'explique, comme la densité de l'ozone, par une condensation de ses particules. De même que l'action de la chaleur détruit l'ozone, et reforme de l'oxygène, de même, sous l'action d'une élévation de la température, de 500° à 860°, la molécule polymérisée de soufre se détruit pour donner le soufre normal.

SOUFRES CRISTALLISÉS

Considérons d'abord les cas d'isomérie ou d'allotropie physique offerts par le soufre.

Le soufre se présente à l'état cristallisé sous deux formes principales parfaitement distinctes :

1° Sous forme d'octaèdres dérivés du prisme orthorhombique ;

2° Sous forme d'aiguilles appartenant au système clinorhombique.

On désigne habituellement ces deux formes sous le nom de soufre octaédrique et de soufre prismatique.

Solubles toutes deux dans le sulfure de carbone, elles prennent naissance dans des conditions différentes de température et peuvent se transformer l'une dans l'autre.

Soufre octaédrique. — La forme octaédrique est celle qu'affecte le soufre natif ; l'évaporation lente, à la température ordinaire, d'une solution sulfocarbonique de soufre, donne naissance aux mêmes cristaux que ceux qu'on rencontre dans la nature. Ils dérivent d'un prisme orthorhombique dans lequel $mm = 101° 25'$; ce sont des octaèdres

[1] *Comptes rendus*, t. LXXXVI, p. 1394.

formés par les faces b^1 ; on y trouve b^1b^1 sur a = 106° 25′ ; b^1b^1 sur e^2 = 85° 7′ ; b^1b^1 sur m = 143° 23′.

Soufre prismatique. — Lorsqu'on fond le soufre dans un creuset et qu'on le laisse refroidir lentement, il cristallise sous forme de longues aiguilles, qu'on peut mettre à nu en décantant, avant la solidification complète, l'excès de soufre demeuré liquide. Elles dérivent d'un prisme oblique à base rhombe, dans lequel mm = 89° 28′, et pm = 85° 54′.

Ces cristaux sont formés par les faces p, m, h^1, b^1, e^1.

Transformations. — Les cristaux prismatiques, ramenés à la température ordinaire, ne tardent pas à perdre leur transparence ; ils présentent d'abord un point opaque vers le centre, la surface se ride et se hérisse de pointements octaédriques. En même temps, leur densité, qui était de 1,97, augmente à mesure que la modification progresse, et, quand les cristaux prismatiques sont entièrement transformés en octaèdres, la densité du soufre est devenue de 2,02. Cette métamorphose exige souvent un temps fort long, mais on l'active en rayant les cristaux et, mieux, en les arrosant d'une petite quantité de sulfure de carbone. Le passage à la forme octaédrique est alors très rapide et accompagné d'un dégagement de chaleur sensible, et qui a été trouvé par Mitscherlich égal à 0,0036 calorie pour 16 grammes de soufre.

Inversement, si l'on chauffe des octaèdres de soufre, soit dans l'eau bouillante, soit dans une solution saline à 111°, ils ne tardent pas à perdre leur transparence, en même temps que leur densité diminue. Après un temps plus ou moins long, celle-ci devient égale à 1,97, et l'on remarque que les octaèdres, qui ont conservé leur forme primitive, sont formés par un agrégat de petits prismes.

Les deux formes cristallines du soufre peuvent donc se transformer l'une dans l'autre, et chacune est caractérisée par une certaine température, à laquelle elle est stable. Au-dessus de 100° environ ce sont les prismes qui tendent à se former; ce sont les octaèdres, au contraire, à la température ordinaire.

Si l'on sature de soufre, comme l'a fait M. Ch. Deville, de la benzine maintenue vers son point d'ébullition, 86°, et qu'on l'abandonne au refroidissement, on constate, entre 80° et 75°, la formation de prismes aplatis, mélangés à quelques octaèdres; la température s'abaissant, les prismes perdent leur transparence et leur formation diminue. Au-dessous de 20° il ne cristallise plus que des octaèdres.

Le sulfure de carbone a la propriété de transformer en octaèdres les prismes de soufre. Aussi l'expérience suivante de Debray est-elle très intéressante et démontre-t-elle bien l'influence de la température sur le phénomène : si, en effet, on chauffe, au-dessus de 100° en tube scellé, du sulfure de carbone avec un excès de soufre, puis qu'on abandonne au refroidissement, il se dépose d'abord des prismes, malgré l'action qu'exerce le sulfure de carbone à la température ordinaire sur les cristaux de cette forme ; mais, quand la température s'abaisse, ceux-ci sont rapidement transformés en octaèdres.

Bien plus, les prismes peuvent prendre naissance à froid, ainsi que l'a constaté, pour la première fois, M. Pasteur, dans une solution sulfocarbonique. Mais le contact d'un octaèdre les détruit rapidement.

Ce fait paraît trouver son explication dans les expériences de sursaturation, effectuées par M. Gernez [1]. Ce savant a réussi à produire à volonté, à la même température et dans le même dissolvant, soit des cristaux prismatiques, soit des cristaux octaédriques. Si on fait, en tubes scellés, vers 80°, des dissolutions saturées de soufre dans le sulfure de carbone, la benzine ou le toluène, on peut amener les solutions à 15° sans qu'il se sépare de soufre. Suivant qu'on fait

[1] *Comptes rendus*, t. LXXIX, p. 219.

tomber dans ces solutions sursaturées un cristal prismatique ou octaédrique de soufre, on amène la formation de l'une ou l'autre de ces formes cristallines. La formation des octaèdres est moins rapide cependant, ce qu'on peut attribuer à la quantité de chaleur dégagée dans leur formation, et qui est plus grande que celle qui se manifeste pendant la formation des prismes.

Le soufre en surfusion donne lieu à des observations analogues (Gernez [1]). Pour obtenir la surfusion du soufre, on peut déposer un fragment de soufre à la surface de séparation de deux solutions superposées de chlorure de zinc, de densité supérieure pour l'une, inférieure pour l'autre à la densité du soufre, et, en chauffant ce système, fondre le soufre, qui prend l'état sphéroïdal. En laissant refroidir le tout, on peut abaisser la température jusqu'à 0° sans solidifier le soufre.

On obtient la surfusion du soufre plus aisément dans des tubes, en évitant l'accès des poussières de l'air. Après qu'on y a fondu le soufre, la température peut en être abaissée à 60°, sans qu'il y ait solidification.

Si on refroidit alors un point de la surface du tube, ou si on frotte, au sein du liquide, deux corps solides, ou enfin si on introduit dans le tube un cristal prismatique, il ne se forme que des prismes, quelle que soit la température entre 0° et 117°,4, et bien que les prismes ne soient pas stables à la température ordinaire. Mais peu à peu ces prismes perdent leur transparence en se transformant. Si, au contraire, on projette dans le soufre surfondu un cristal octaédrique assez petit pour ne pas agir comme un corps froid, ce sont des octaèdres qui se forment. On peut même provoquer, dans un même tube, à ses deux extrémités, la cristallisation du soufre sous ses deux formes. Quand les prismes formés rencontrent les octaèdres, ils commencent à se

[1] *Comptes rendus*, t. LXXVIII, p. 217.

transformer, en suivant une marche inverse, et deviennent opaques, tandis que l'autre moitié du tube, qui ne renferme que des octaèdres, conserve sa transparence.

Ainsi donc, dans ses dissolutions, comme en surfusion, le soufre peut cristalliser, à la même température, sous forme de prismes ou d'octaèdres.

Si l'on maintient le soufre, pendant un certain temps, liquide, il éprouve des modifications dans sa chaleur spécifique et dans sa vitesse de solidification. En fondant du soufre octaédrique dans un tube capillaire (2 millimètres de diamètre au plus) et mesurant les vitesses de solidification, M. Gernez[1] a constaté que, si on avait maintenu le soufre fondu à la température T° pendant un temps θ, et si on le refroidissait ensuite à t°, la vitesse de solidification diminuait à mesure que θ augmentait, et croissait, au contraire, avec $T - t$ jusqu'à une valeur $T = 173^{\circ},5$, au-delà de laquelle elle prenait des valeurs décroissantes.

Quand on recommence l'opération plusieurs fois de suite, avec le même soufre, la vitesse diminue ; à la huitième opération, elle est douze fois moindre qu'à la première. On constate encore que la formation des prismes est plus rapide que celle des octaèdres, mais que le soufre liquide qui provient de la fusion des octaèdres, en donnant des prismes, possède une vitesse de solidification plus grande que si ce liquide provient de la fusion de prismes. La modification n'est donc pas effectuée à la première cristallisation.

Cristaux nacrés. — On a signalé d'autres formes cristallines du soufre. M. Gernez[2], en fondant du soufre dans des tubes capillaires, à 160°, puis en les plongeant dans l'eau à 100°, et déterminant la cristallisation du liquide surfondu, a obtenu des baguettes nacrées s'allongeant de

[1] *Comptes rendus*, t. XCVII, p. 1298-1366, etc.
[2] *Comptes rendus*, t. XCVIII, p. 144.

4 à 5 centimètres sans augmenter de section ; de plus, la vitesse de solidification du liquide qui les baigne est plus grande que lorsqu'elles n'existent pas. M. Gernez attribue ce dernier phénomène à la modification partielle subie par le soufre des baguettes, le liquide restant se trouvant dans les conditions d'un soufre liquide moins longtemps chauffé, donc plus rapide à cristalliser.

M. P. Sabatier[1] a obtenu des cristaux nacrés identiques à ceux de M. Gernez, dans la décomposition lente du persulfure d'hydrogène, en solution éthérée. Ces cristaux, ensemencés dans une solution sursaturée de soufre dans la benzine, déterminent une cristallisation non d'octaèdres, mais de cristaux nacrés.

M. Maquenne[2], en laissant le persulfure d'hydrogène en contact d'éther froid, pendant vingt-quatre heures, a obtenu des prismes orthorhombiques de soufre pur de 106° 20' d'angle, surmontés d'un pointement dont les angles sont ceux de l'octaèdre. Ces cristaux fondent à 117° ; leur densité à 0° est 2,041 à 2,049. Ils sont solubles dans le sulfure de carbone et la benzine, d'où ils cristallisent en octaèdres.

M. Friedel[3] a obtenu accidentellement, dans un bain de soufre, des cristaux de soufre tricliniques ; ils se transformaient rapidement. Enfin M. Engel[4] a décrit des cristaux de soufre en rhomboèdres transparents, fondant au-dessous de 100°, et qui s'altèrent en quelques heures en se transformant en soufre insoluble, seul exemple de tranformation à la température ordinaire de soufre soluble en soufre insoluble. M. Engel a obtenu ces rhomboèdres en décomposant l'hyposulfite de soude par l'acide chlorhydrique. La liqueur

[1] *Bull. de la Soc. Chim.*, t. XLIV, p. 175.
[2] *Bulletin de la Soc. Chim.*, t. XLI, p. 238.
[3] *Bulletin de la Soc. Chim.*, t. XXXII, p. 114.
[4] *Bulletin de la Soc. Chim.* (3), t. V, p. 641; t. VI, p. 12.

filtrée ne tarde pas à jaunir, elle est agitée avec du chloroforme qui, évaporé, fournit les cristaux rhomboédriques.

SOUFRE DES POLYSULFURES

A ces variétés cristallines solubles dans le sulfure de carbone doit être jointe la variété qui prend naissance dans la décomposition des polysulfures par les acides étendus; cette variété, comme l'a démontré M. Berthelot, est entièrement soluble, elle aussi, dans le sulfure de carbone, lorsqu'on a eu soin d'éviter dans la préparation des polysulfures toute oxydation par l'oxygène de l'air. Il convient d'opérer dans une atmosphère d'hydrogène, d'abord pour obtenir le monosulfure alcalin pur et, ensuite, pour le combiner à un excès de soufre.

Elle renfermerait, au contraire, une portion de soufre insoluble, si, par suite de l'oxydation à l'air, le polysulfure se trouvait mélangé de composés thioniques.

C'est également du soufre électro-négatif qui prend naissance lorsque ce métalloïde se sépare d'un dissolvant proprement dit. Le soufre amorphe, en se dissolvant dans l'alcool, dans l'éther, ne le fait qu'après s'être transformé en soufre cristallisable, et s'en sépare sous ce dernier état. Il en est de même du soufre simplement dissous dans le chlorure ou le bromure de soufre ou dans l'acide sulfurique anhydre. Quel qu'ait été son état primitif, il se sépare de ces dissolvants sous forme cristallisable.

SOUFRES INSOLUBLES

Les variétés très nombreuses de soufre insoluble ont été réunies par M. Berthelot[1] sous le nom de soufres électropositifs, dont le soufre du chlorure et du bromure de soufre forme l'état limite le plus stable.

[1] BERTHELOT, *Ann. de Chim. et de Phys.*, t. XLIX, p. 433.

En plus de cette variété limite, M. Berthelot a réduit les soufres insolubles à trois autres variétés principales, toutes trois amorphes, mais moins stables que celle qui provient de la décomposition du chlorure de soufre, savoir : le soufre mou des hyposulfites, le soufre insoluble de la fleur de soufre et le soufre insoluble du soufre mou obtenu par l'action de la chaleur.

La couleur, la viscosité, la ductilité des diverses variétés qui se produisent dans la décomposition de dérivés multiples du soufre, et qui rentrent dans cette classe sont parfois très différentes. Ramenés à l'état solide, ils présentent comme caractères communs : l'absence de forme cristalline et l'insolubilité dans le sulfure de carbone, mais leur inégale stabilité permet de distinguer nettement un petit nombre de variétés définies, et de montrer que certains soufres insolubles ne sont que des mélanges de celles-ci.

Ces variétés se distinguent, en particulier, les unes des autres par la facilité plus ou moins grande avec laquelle elles se transforment en soufre cristallisable, soit sous l'influence d'une température de 100°, soit au contact de certains corps, tels que l'alcool, l'hydrogène sulfuré, les alcalis, les sulfures alcalins. Toutes ces formes peuvent, d'ailleurs, être ramenées à la variété insoluble la plus stable, celle du chlorure de soufre, par le contact de certains corps doués de propriétés électro-négatives très prononcées.

Ces diverses variétés de soufre électro-positif prennent naissance dans la décomposition, par l'eau ou l'acide chlorhydrique, des combinaisons chlorurées, bromurées ou oxygénées du soufre, dans lesquelles ce métalloïde joue le rôle d'élément combustible électro-positif ; ainsi sont les chlorure, bromure, iodure de soufre, l'hyposulfite de soude, le trithionate, le tétrathionate de potassium, l'acide pentathionique.

L'électrolyse d'une solution aqueuse d'acide sulfureux fournit de même, au pôle négatif, du soufre insoluble, alors que l'électrolyse de l'hydrogène sulfuré dans les mêmes conditions donne, sur le pôle positif cette fois, un dépôt léger de soufre cristallisable électro-négatif.

L'action de la chaleur peut également fournir du soufre insoluble, et il en est de même de l'action de la lumière.

Nous allons passer rapidement en revue les variétés fondamentales, telles que les a classées M. Berthelot, au précieux travail de qui nous puisons les documents qui vont suivre.

Soufre du chlorure de soufre. — La décomposition par l'eau des chlorure, bromure et iodure de soufre, donne naissance à une même variété de soufre insoluble, qui peut être considérée comme la plus stable parmi celles-ci ; en voici les caractères principaux observés par M. Berthelot[1]:

L'ébullition de ce soufre avec l'alcool absolu (quinze minutes), un contact prolongé avec l'alcool ou l'acide acétique froids, ainsi qu'une digestion avec l'hyposulfate de baryte ne le transforment pas en soufre soluble.

Un contact de trois jours avec une solution d'hydrogène sulfuré ne le transforme que partiellement en soufre soluble dans le sulfure de carbone.

Le sulfure de sodium, au contraire, par un contact de huit jours, le dissout partiellement et transforme le reste en soufre cristallisable. Une solution aqueuse d'ammoniaque agit de même.

L'application d'une température de 300°, ou encore plusieurs sublimations successives, le transforment en soufre soluble.

Le bisulfite de potasse en solution aqueuse, qui est sans action sur le soufre octaédrique, le dissout rapidement. Il

[1] *Ann. de Chim. et de Phys.* (3), t. XLIX, p. 430.

s'unit, au contraire, plus difficilement au mercure que le soufre soluble.

Le soufre modifié sous l'influence de l'acide nitrique présente les mêmes caractères. Celui qui provient des composés oxygénés du soufre possède une stabilité variable et intermédiaire entre ce soufre et celui qu'on peut extraire de la fleur de soufre lavée au sulfure de carbone, mais il peut toujours être ramené à l'état limite par le contact du chlorure de soufre.

Soufre mou des hyposulfites. — L'hyposulfite de soude, précipité par l'acide chlorhydrique, donne un mélange de soufre insoluble dans le sulfure de carbone, et de soufre mou soluble dans le même dissolvant, et régénéré simultanément; ce qui s'explique par le rôle électro-négatif très peu prononcé de la portion de soufre que l'on sépare de l'acide hyposulfureux et par son état mou. Ce soufre dissous devient partiellement insoluble quand on évapore sa solution, et, après plusieurs dissolutions et évaporations, il est même transformé presque intégralement en soufre insoluble.

M. Berthelot, qui a étudié très soigneusement cette formation, conseille de verser l'hyposulfite dans l'acide chlorhydrique très concentré, en opérant rapidement et refroidissant, et de laver immédiatement au sulfure de carbone le soufre précipité et séché.

Le soufre mou, devenu insoluble après plusieurs dissolutions dans le sulfure de carbone, perd peu à peu sa mollesse et se solidifie complètement. Il peut d'ailleurs éprouver cette modification sans le secours d'aucun dissolvant, sous l'influence seule du temps.

Il existe donc une variété de soufre mou insoluble, et deux variétés de soufre mou, solubles dans le sulfure de carbone, et qui jouissent de tendances opposées ; ce sont: 1° le soufre mou soluble des polysulfures dont il a été question précédemment et qui se transforme spontanément en soufre octaédrique soluble ; 2° le soufre mou soluble des hyposulfites qui, au contraire, se transforme en soufre insoluble, et un certain nombre de soufres mous, entre autres celui qui prend naissance quand on trempe le soufre visqueux, et qui peuvent être considérés comme des mélanges en deux variétés solubles. Comme il sera montré plus loin, le soufre mou, après sa solidification, peut être séparé en soufre octaédrique soluble et soufre insoluble amorphe.

Le soufre mou des hyposulfites, mis sous forme de petites sphères et soumis à l'action des alcalis ou autres agents de transformation, n'éprouve qu'une modification superficielle en soufre soluble ; le centre demeure insoluble, ce qui prouve que la transformation ne s'opère pas par propagation du mouvement moléculaire [1].

La décomposition d'un grand nombre de dérivés oxygénés donne lieu à une formation analogue de soufre insoluble, plus ou moins mélangé de soufre soluble, tels sont les trithionates, tétrathionates, l'acide pentathionique. Il en est de même de l'action réciproque de l'hydrogène sulfuré et des acides sulfureux et sulfurique, de l'oxydation incomplète des composés sulfurés, combustion de l'hydrogène sulfuré, oxydation incomplète des sulfures par l'acide nitrique fumant.

« Cette formation du soufre électro-positif ou combustible dans des conditions oxydantes est digne de remarque : elle prouve que le soufre prend, en naissant, l'état qu'il possédera dans la combinaison oxygénée qu'il tend à former. » (Berthelot.)

Soufre insoluble de la fleur de soufre. — La fleur de soufre, épuisée tour à tour par le sulfure de carbone et l'alcool, laisse un soufre insoluble, qui affecte généralement

[1] *Ann. de Chim. et de Phys.* (3), t. XLIX, p. 470.

la forme utriculaire. Il se différencie du soufre insoluble du chlorure de soufre, par une moindre résistance aux agents de transformation ou encore à la chaleur.

Une température de 300°, suivie d'un lent refroidissement, ou seulement une température de 100° maintenue huit à dix heures, ou bien encore un contact de trois jours avec une solution d'hydrogène sulfuré, de potasse ou de sulfure de potassium, le transforment presque entièrement en soufre soluble.

L'alcool bouillant, pour une durée de quinze minutes, est sans action ; mais l'alcool froid, après trois jours, a rendu une notable portion soluble dans le sulfure de carbone.

SOUFRE INSOLUBLE DU SOUFRE MOU PRÉPARÉ PAR LA CHALEUR.

Ch. Deville [1] a observé, le premier, l'existence d'une variété de soufre insoluble, dans le soufre trempé qu'on obtient en projetant dans l'eau froide un mince filet de soufre préalablement porté à son maximum de viscosité.

Le soufre trempé, au lieu de reprendre sa dureté habituelle, reste inaltérable et peut être étiré en fils. Abandonné à lui-même il se transforme peu à peu en soufre octaédrique soluble. Regnault a montré que cette transformation était rapide au voisinage de 93° et qu'elle était accompagnée d'un dégagement de chaleur, suffisant pour élever la température de la masse brusquement de 10 à 12° et déterminer la fusion d'une portion du soufre.

Il n'est pas nécessaire de couler le soufre dans l'eau pour qu'il renferme du soufre insoluble. Les canons de soufre en renferment une proportion qui peut atteindre au centre 7 0/0. Les prismes de soufre en renferment également ; les octaèdres, assez rarement. Le soufre trempé en contient jusqu'à 85 centièmes.

L'on doit à M. Berthelot une étude très étendue de cette

[1] *Ann. de Chim. et de Phys.* (3), t. XLVII.

formation de soufre mou par la chaleur. En voici les principales conclusions :

Fondu à 140°, puis coulé dans l'eau, le soufre conserve ses propriétés habituelles et sa complète solubilité dans le sulfure de carbone.

Jusqu'à 163°, il ne se forme que des quantités fort petites de soufre insoluble. Mais, porté à 170° et brusquement refroidi, le soufre demeure mou quelque temps et renferme 25 0/0 de soufre insoluble. Cette quantité croît avec la température et, pour une valeur de celle-ci égale à 185° à 205°, elle est de 29 0/0 et n'augmente guère plus.

La formation du soufre mou, d'après ces chiffres, commencerait donc seulement vers 155° et demeurerait très faible; à 170°, au contraire, elle serait considérable. Si l'on rapproche ces faits de ceux que présentent les modifications de fluidité et de couleur du soufre aux différentes températures, ainsi que des expériences de Despretz et de celles de M. Moitessier [1] sur les coefficients de dilatation du soufre, on constate que c'est vers la même température : 1° que se forme le soufre mou ; 2° que le soufre devient visqueux et coloré ; 3° enfin, qu'il présente un coefficient minimum de dilatation à l'état liquide.

Enfin, c'est également vers cette température que les expériences de M. Ch. Deville, sur les vitesses de réchauffement et de refroidissement du soufre, indiquent un point singulier.

La vitesse de réchauffement, rapidement croissante jusque vers 160°, demeure stationnaire de 180 à 230° pour reprendre ensuite une marche décroissante comme si « le soufre en fusion laissait dégager une certaine quantité de chaleur latente, » pendant cet intervalle.

« On est, dès lors, conduit à penser, dit M. Berthelot, que les états permanents que présente le soufre à la tempé-

[1] *Thèse* de doctorat, Montpellier, 1864.

rature ordinaire, ne sont pas accidentels et dus à des causes purement physiques, je veux dire au refroidissement brusque et à une conservation anormale de chaleur latente. » Et plus loin : « Vers 170° le soufre change de nature : jusque-là il possédait l'état moléculaire correspondant au soufre cristallisable, jouant le rôle d'élément comburant ; mais, sous l'influence de la chaleur, les conditions de sa stabilité se modifient, et il tend à se manifester avec certaines des qualités qui correspondent au soufre insoluble, jouant le rôle d'élément combustible. Réciproquement, le soufre refroidi lentement au-dessous de 170°, repasse à l'état de soufre fluide, correspondant au soufre cristallisable, mais sans y revenir instantanément. Aussi, s'il est refroidi brusquement, il traverse la période de liquidité devenue trop courte, sans changer entièrement de nature, et une portion du soufre solidifié conserve un état moléculaire plus ou moins analogue à celui que la matière possédait vers 170°. C'est le soufre amorphe et insoluble dont l'existence est précédée par celle du soufre mou correspondant. »

D'après ce raisonnement, plus le refroidissement sera rapide, plus la période de liquidité sera courte, plus le soufre trempé sera riche en soufre insoluble : c'est ce que prouvent les expériences de M. Berthelot. En coulant sans précaution le soufre dans l'eau, celui-ci ne contient que 25 à 30 0/0 de soufre insoluble ; coulé, au contraire, en filets très déliés, il peut en renfermer 60 0/0 et même 71 0/0, s'il est coulé dans l'éther.

D'autre part, ce soufre mou, presque entièrement insoluble dans le sulfure de carbone au moment de son refroidissement, se transforme partiellement en soufre octaédrique. C'est ainsi qu'examiné immédiatement il a présenté 85 0/0 de soufre insoluble, dans l'une des expériences de M. Berthelot ; le lendemain, ce chiffre était tombé à 62 0/0, puis à 54 ; après plusieurs jours, il demeura fixé à 39 0/0.

On peut, en soumettant à un froid considérable, le soufre mou, lui faire contracter l'état solide ; mais, en revenant à la température ordinaire, il reprend sa mollesse première.

Cette variété de soufre insoluble est la plus instable de toutes les variétés :

L'alcool bouillant le dissout facilement (Ch. Deville) [1]. Il suffit même, comme l'a constaté M. Berthelot de le faire bouillir quelques minutes avec l'alcool pour rendre la portion non dissoute soluble dans le sulfure de carbone. Maintenu à 100° pendant une heure, ce soufre devient entièrement soluble. L'éther lui fait subir la même transformation que l'alcool. Il en est de même d'une solution d'hydrogène sulfuré après un contact de trois jours ; il en est de même aussi des alcalis et des sulfures. L'acide chlorhydrique, au contraire, le transforme en une variété plus stable, analogue au soufre insoluble de la fleur de soufre, et l'acide sulfureux agit dans le même sens. Le chlorure de soufre, l'acide nitrique agissent plus encore et transforment cette variété instable, par simple contact, en la limite stable du soufre insoluble des chlorures de soufre. Aussi, en conservant le soufre mou sous une couche d'acide nitrique, ou, mieux, d'acide sulfureux, pourra-t-on lui conserver sa teneur en soufre insoluble, à cause de la transformation en la variété stable qui correspond à la fleur de soufre. On arrive ainsi à maintenir cette teneur à 75 centièmes sous l'acide nitrique 86 centièmes sous l'acide sulfureux.

Non seulement l'acide sulfureux peut maintenir à l'état insoluble, le soufre mou à la température ordinaire ; mais, encore, il peut transformer à une température relativement basse, le soufre fondu en soufre insoluble (Berthelot) [2], et ceci permet d'expliquer la formation de soufre insoluble dans la décomposition d'une solution d'acide sulfureux en

[1] *Ann. de Chim. et de Phys.* (3), t. XLVII, p. 103.
[2] *Ann. de Chim. et de Phys.* (4), t. I, p. 392.

tube scellé à 170°. Le soufre ainsi formé est sous forme de globules dont l'enveloppe seule est insoluble.

A 110°, en présence d'une solution sulfureuse de soufre octaédrique fondu, chauffé en tube scellé, il se transforme rapidement en soufre insoluble, mais l'action n'est que superficielle. Il est bien évident que l'eau seule ne peut donner cette réaction ; au contraire, le soufre insoluble se change à 110° en soufre octaédrique.

L'acide sulfureux gazeux donne une réaction analogue à l'acide dissous, et c'est à sa présence qu'on peut attribuer les enveloppes insolubles des petites sphères qui constituent la fleur de soufre. L'iode, en petite quantité, transforme partiellement le soufre fondu en soufre insoluble, et, si l'on opère aux températures où cette transformation commence seulement par la chaleur seule, elle est très accrue ; à 155° l'iode peut transformer déjà 13 centièmes de soufre en soufre insoluble (Berthelot) [1].

L'on peut tremper le soufre en vapeur en faisant arriver celle-ci à la surface de l'eau ou de divers liquides. M. Muller [2] a obtenu ainsi un soufre mou dont la densité est 1,87 au lieu de 1,91.

Sestini [3], en étudiant ce soufre au microscope, l'a trouvé constitué, comme le soufre utriculaire de Brame, par des sphères molles, à enveloppes ridées, se solidifiant après douze heures et renfermant 28 0/0 de soufre insoluble, chiffre analogue à celui qu'a trouvé M. Ch. Deville pour la fleur de soufre. M. Berthelot [4] pense que le soufre utriculaire obtenu par la condensation de la vapeur de soufre, soit dans l'air, soit dans l'eau, est probablement le même, mais le soufre condensé au contact de l'eau, lorsqu'il est durci, ne contient pas, d'après ce savant, la même variété

[1] *Ann. de Chim. et de Phys.* (3), t. XLIX, p. 485.
[2] *Annales de Poggendorf*, t. CXXVII.
[3] *Bull. de la Soc. Chim.*, t. VII, p. 195.
[4] *Bulletin de la Soc. Chim.*, p. 197.

de soufre insoluble que celui de la fleur de soufre ; elle est moins stable que cette dernière et dégage moins de chaleur qu'elle au moment de sa transformation.

C'est également sous forme utriculaire, impossible à filtrer que se forme le soufre, par suite de la réaction, en présence de l'eau, de l'hydrogène sulfuré sur l'acide sulfureux, et il y avait là un écueil dans la régénération du soufre des marcs de soude. MM. Stingl et Morawski[1] ont constaté qu'en présence de sels, tels que : le chlorure de magnésium et le chlorure de calcium, la forme que prend le soufre est différente ; ce sont des flocons denses aisément filtrables. L'addition de ces sels à l'eau laiteuse produit le même effet.

Soufre insoluble produit sous l'action de la lumière.

Si l'on dirige dans une solution sulfocarbonique de soufre un faisceau lumineux, concentré au moyen d'une lentille, on constate bientôt la formation d'une tache jaune de soufre insoluble, sur le trajet des rayons lumineux (Lallemand)[2]. Le spectre fourni par la lumière émergente est privé de toutes les radiations comprises entre les raies G et H, ainsi que des radiations ultra-violettes.

C'est aux rayons chimiques qu'est due la transformation du soufre. M. Berthelot[3] à pu constater un phénomène analogue avec le soufre fondu; mais la lumière est sans action sur le soufre solide.

SOUFRE SOLUBLE DANS L'EAU

Sous le nom de soufre colloïdal, Debus[4] relate la dissolution du soufre dans l'eau, durant l'action de l'acide

[1] *Journal für prakt. Ch.* (2), t. XX, p. 76.
[2] *Comptes rendus*, t. LXX, p. 182.
[3] *Ann. de Chim, et de Phys.* (4), t. XXVI, p. 462.
[4] *Liebig. Ann. Chem.*, t. CCXLIV, p. 76 et 189.

sulfhydrique sur une solution aqueuse d'acide sulfureux ; l'alcool lui enlèverait, suivant l'auteur, cette propriété.

M. Engel[1] a décrit également la formation d'un soufre soluble dans l'eau, abandonné sous forme de flocons jaunes par une solution d'acide hyposulfureux. Ce soufre soluble dans l'eau est très instable, il se transforme rapidement en soufre mou. Il correspondrait à un état peu avancé de condensation.

DONNÉES THERMIQUES

Le soufre insoluble, en se transformant en soufre octaédrique, dégage de la chaleur.

Weber[2], en opérant à 100° avec le soufre insoluble du soufre trempé, a trouvé que la chaleur dégagée suffisait pour élever, au moment de la transformation, la température du soufre de 4 à 5°. Avec le soufre insoluble de la fleur de soufre, la quantité de chaleur dégagée ne peut être constatée à cause de la lenteur de la transformation.

M. Berthelot[3], en même temps que Weber, a publié une étude beaucoup plus étendue du phénomène et, en opérant à une température plus élevée, 111°-112°, à laquelle la transformation est plus rapide, a pu constater pour toutes les variétés insolubles un dégagement de chaleur capable de ramollir la masse et de la fondre en partie.

Pour mesurer la chaleur de transformation on peut recourir à l'action de l'hydrogène sulfuré en solution aqueuse, surtout en présence d'une petite quantité d'alcool, qui provoque le passage de l'état insoluble à l'état octaédrique avec assez de rapidité pour permettre la mesure de la quantité de chaleur dégagée.

[1] *Bull. de la Soc. Chim.* (3).
[2] *Ann. de Chim. et de Phys.* (3), t. LV, p. 123.
[3] *Ann. de Chim. et de Phys.* (3), t. LV, p. 214.

SÉLÉNIUM

De même que le soufre, le sélénium se présente sous un nombre assez grand de variétés, suivant les conditions dans lesquelles il a été placé, ou suivant les combinaisons dont il s'est séparé. Mais ces espèces pourront, comme celles du soufre, être ramenées à deux types, suivant leur solubilité ou leur insolubilité dans le sulfure de carbone.

I. — Variétés solubles dans le sulfure de carbone

Le sélénium vitreux, celui qu'on peut obtenir cristallisé en dissolvant le sélénium dans le sulfure de carbone, et le sélénium précipité appartiennent à cette première classe.

Sélénium précipité. — Lorsqu'on précipite une solution d'acide sélénieux dans l'acide chlorhydrique, au moyen de l'acide sulfureux, il se forme des flocons rouges de sélénium, et la précipitation n'est complète qu'à l'ébullition ; le zinc, le fer, etc., agissent de même. L'aspect du sélénium diffère suivant les conditions : à chaud le précipité qui se forme est gris très foncé ; à froid et en liqueur étendue, le sélénium se précipite sous forme d'une pellicule jaune, tandis que, si la solution est concentrée, c'est une poudre écarlate qu'on obtient.

L'oxydation, au contact de l'air, des solutions d'acide sélénhydrique, donnent le même sélénium.

Ce sélénium est soluble dans l'acide sulfurique, et l'eau l'en précipite. Sa densité est 4,259 à 20°.

Il est soluble dans le sulfure de carbone.

Sélénium vitreux. — Le sélénium précipité fond sous l'action de la chaleur et, si on le coule sur une surface froide, il prend l'aspect vitreux, avec une teinte noire ; complètement dépourvu de l'éclat métallique, sous une mince épaisseur il est transparent, rouge rubis, et laisse une trace rouge sur le papier.

Ce corps n'a pas de point de fusion déterminé, il se ramollit progressivement sous l'action de la chaleur ; à 250°, il est complètement liquide.

Regnault [1] a étudié la marche de son refroidissement, en ayant soin, pour mieux saisir les irrégularités de celle-ci, de le placer, après l'avoir fondu, dans une étuve à 100°, en notant la température de minute en minute. Après avoir observé une marche régulière de 241°,6 à 116°,8, il a pu constater une marche anormale de 116°,8 à 112°,60.

A cette température, le thermomètre est demeuré quelque temps stationnaire, puis a indiqué une élévation de température, et, après avoir monté jusqu'à 121°,3, a repris sa marche descendante normale. Il y a donc une anomalie, au-dessus de 120°.

La densité du sélénium vitreux est 4,282 à 20°.

Ainsi que l'avait observé Berzélius, il ne conduit pas l'électricité, du moins à l'état solide.

Il est beaucoup moins soluble que le soufre dans le sulfure de carbone. Celui-ci, en effet, au voisinage de son point d'ébullition, n'en dissout que 1/1000e environ, et seulement 0,00016 à 0°.

Sélénium cristallisé. — En enfermant, dans un tube scellé résistant, du sélénium et du sulfure de carbone, et en portant un grand nombre de fois ce tube à 100°, et le laissant refroidir ensuite, on finit par obtenir des cris-

[1] *Ann. de Chim. et de Phys.* (3), t. XLVI.

taux mesurables de sélénium appartenant au prisme clinorhombique. La densité à 15° est 4,8.

II. — Variétés insolubles dans le sulfure de carbone

Sélénium métallique. — Lorsqu'on élève la température du sélénium vitreux, on constate que le thermomètre, plongé dans la masse, monte aux environs de 97°, très rapidement et atteint en quelques minutes 200 à 230°. L'aspect du sélénium change en même temps, et acquiert l'éclat métallique; refroidi, sa texture n'est plus vitreuse et rappelle celle de la fonte grise.

D'après Regnault, la chaleur dégagée dans cette transformation serait assez considérable, si elle était employée intégralement à échauffer la masse, pour en porter la température de 98° à 329°. Malgré ce dégagement de chaleur, la chaleur spécifique du sélénium métallique n'est pas différente de celle de la variété vitreuse.

Le sélénium métallique est conducteur de l'électricité (Hittorf), et cette conductibilité est variable avec l'action de la lumière subie par le sélénium (Willougby Smith), et c'est sur cette propriété que MM. Graham Bell et Tainter [1] se sont reposés pour construire leur photophone, qui a pour objet la transmission des sons par l'intermédiaire de la lumière.

Sélénium cristallisé noir. — D'après Mitscherlich [2] les cristaux de sélénium soumis à une température de 150 deviennent noirs et insolubles dans le sulfure de carbone.

L'électrolyse des solutions d'acide sélénieux donne un sélénium qui se dissout seulement en partie dans CS^2, mais cette portion dissoute, évaporée, devient elle-même insoluble (Berthelot).

[1] *Ann. de Chim. et de Phys.* (5), t. XXI.
[2] *Ann. de Chim. et de Phys.* (3), t. XLVI.

AZOTE

D'après MM. J. Thomson et Threefall[1], lorsqu'on soumet à l'action de l'électricité l'azote sous faible pression, le gaz éprouve une contraction ; et, comme cela a lieu pour l'ozone, sous l'influence de la chaleur, il reprend son volume primitif.

L'inertie apparente de l'azote, tel qu'il existe dans l'atmosphère, comparée au rôle si important qu'il joue à l'état de combinaison, chez les animaux et chez les plantes, tendrait à faire considérer son état actuel lui-même comme différent de celui sous lequel il existe dans ses combinaisons.

M. Mascart[2] a fait remarquer que, dans les composés de l'azote, la réfraction est augmentée par la combinaison, tandis qu'avec les autres corps simples elle se trouve diminuée.

[1] *R. Soc. Proceed.*, t. XL, p. 329.
[2] *Comptes rendus*, 1878.

PHOSPHORE

Après les nombreuses découvertes auxquelles donnèrent lieu les états multiples d'un nombre assez grand de corps simples, le phosphore demeure un des types du phénomène d'isomérie chez les éléments, tant par l'extrême divergence de propriétés qu'il présente sous ses deux états essentiels, que par la netteté des lois de sa transformation, et on peut ajouter par la perfection des travaux auxquels l'étude de celles-ci a donné lieu.

Le phosphore rouge prend naissance lorsque le phosphore ordinaire subit l'action prolongée de la lumière, et cela même dans une atmosphère inerte, même dans le vide.

Cette remarque remonte au siècle dernier, et Bœckmann la formula vers 1800. Mais les opinions les plus diverses furent émises d'abord, au sujet de cette modification singulière du phosphore, qui en changeait les plus saillantes propriétés. Une opinion qui s'accrédita, et qui paraît due à Gmelin, faisait du phosphore rouge un mélange de phosphore et d'oxyde de phosphore, ce qui expliquait ou tendait à expliquer la moindre activité du nouveau corps.

Berzélius eut l'intuition de la véritable nature du phosphore rouge ; mais il est singulier de remarquer qu'il s'appuya, pour faire prévaloir son opinion, sur un fait dont l'exactitude a été contestée depuis : l'existence de deux séries isomériques de sous-sulfures de phosphore.

Mais c'est seulement en 1845 que l'identité chimique du phosphore rouge avec le phosphore blanc fut nettement démontrée lorsque Schrœtter [1], par une série de remarquables expériences, prouva que la chaleur peut non seulement transformer le phosphore ordinaire en phosphore rouge, comme le fait la lumière, mais encore réaliser la transformation inverse, et faire repasser par la distillation, le phosphore rouge primitivement formé à l'état de phosphore blanc, identique à celui qui avait servi de point de départ.

Mais il fallut encore de nombreuses et patientes recherches, pour éclaircir ce curieux phénomène et les particularités, d'abord inexpliquables, auxquelles donnait lieu le phosphore, pendant sa transformation allotropique. Reprise par Hittorf [2], cette intéressante étude acquit par les travaux de M. Lemoine [3], par ceux de MM. Troost et Hautefeuille [4], le caractère de précision qu'elle possède aujourd'hui, et qui a permis d'assimiler les transformations allotropiques du phosphore aux phénomènes de dissociation ou de volatilisation.

Si quelque divergence demeure, quant à l'appréciation théorique des phénomènes, entre les savants qui se sont occupés de cette question, du moins ces spéculations théoriques ont-elles une base solide dans un ensemble de faits précis reliés par une loi expérimentale des mieux établies.

TRANSFORMATION DU PHOSPHORE BLANC EN PHOSPHORE ROUGE

Ainsi que je l'ai dit plus haut, la lumière n'est pas le seul agent qui puisse effectuer la transformation du phos-

[1] *Mémoires de l'Académie des Sciences de Vienne; — Ann. de Chim. et de Phys.*, t. XXIV et XXXVIII.

[2] *Pogg. Annal.*, t. CXXI et CXXVI.

[3] *Bull. Soc. Chim.*, t. I, p. 107; t. VIII, p. 71; — *Comptes rendus*, t. LXIII; — *Ann. Chim. et Phys.* (4), t. XXIV et XXVII.

[4] *Comptes rendus*, t. LXXVI et LXXVIII; — *Ann. Chim. et Phys.*, 1874; — *Ann. scient. de l'Ecole normale*, 1873.

phore blanc en phosphore rouge, et nous passerons successivement en revue les moyens de formation du phosphore rouge dans l'ordre suivant :

1° Action de la lumière ;
2° Action de l'électricité ;
3° Réactions chimiques ;
4° Action de la chaleur.

Nous étudierons en dernier l'action de la chaleur, parce qu'elle est de beaucoup la plus importante et la plus décisive au point de vue de la constitution du phosphore rouge, et aussi parce que c'est sur les phénomènes dus à cette action que sont basées les lois de la transformation qu'il y a un intérêt particulier à ne pas séparer, par conséquent, de l'étude détaillée de l'action de la chaleur.

1° Action de la lumière. — Le phosphore ordinaire, exposé à la lumière, se recouvre plus ou moins rapidement d'une couche rouge, qui va en augmentant avec la durée et l'intensité de l'action lumineuse, mais qui, après un certain temps, ne croît plus qu'insensiblement, les couches superficielles protégeant les parties plus profondes de l'action de la lumière.

Schrœtter démontra que, contrairement à l'opinion antérieurement admise par Gmelin, l'oxygène libre ou combiné n'a aucune part à la production du phosphore rouge. Il enferma, dans ce but, un bâton de phosphore parfaitement pur et translucide dans un tube, dont il balaya l'atmosphère au moyen d'un courant d'acide carbonique sec. En portant, dans ce même courant, le phosphore à 100°, il le débarrassa de toute humidité et scella le tube ainsi privé d'oxygène et d'eau.

Exposé à la lumière, le phosphore ne tarda pas à se recouvrir d'une couche de phosphore rouge, et cela d'autant plus rapidement que l'intensité lumineuse à laquelle il était exposé était plus énergique. L'expérience renouvelée, en remplaçant l'acide carbonique par l'hydrogène ou l'azote, fournit des résultats identiques. La lumière diffuse à la température de 14° produit, quoique plus lentement, la même transformation. C'était donc là un point acquis capital : le phosphore rouge prend naissance sous l'action de la lumière seule, indépendamment de l'oxygène de l'air ou de l'eau.

Il est facile de rendre cette expérience plus frappante en employant les dispositifs suivants dus à M. Lemoine. On enferme du phosphore pur et sec dans un tube scellé rempli d'acide carbonique et, après l'avoir fondu, on lui fait tapisser la paroi interne du verre. En enfermant la moitié de ce tube dans un étui opaque, et en exposant l'autre partie à la lumière, on constate bientôt que cette dernière change de couleur, et, d'abord jaune, puis orangée, devient bientôt rouge brun, alors que la partie abritée de la lumière demeure incolore. M. Lemoine, en faisant le vide à 160° dans un ballon, qui contenait du phosphore pur et sec, et en scellant le ballon, a constaté que, en l'absence de toute atmosphère étrangère, la transformation du phosphore ordinaire en phosphore rouge s'effectuait comme dans une atmosphère inerte.

Cette propriété de la lumière avait frappé Nicéphore Niepce, et Chevreul raconte qu'en 1817 le sagace chercheur avait pensé à l'utiliser pour fixer les images par la lumière.

Cette transformation du phosphore n'a pas lieu seulement avec le corps à l'état solide ; elle s'effectue également lorsque le phosphore est en solution dans le sulfure de carbone. Exposée à la lumière, cette solution ne tarde pas à laisser déposer du phosphore rouge insoluble, et l'expérience revêt un caractère très net lorsqu'on dirige, dans une solution sulfocarbonique de phosphore, un rayon lumineux, concentré au moyen d'une lentille : on voit, au point où le rayon pénètre dans la liqueur, se former une tache jaune qui devient bientôt rouge brun, et qui est due à la formation du phosphore rouge insoluble. Toutes les radiations lumineuses n'ont pas une égale action sur le phosphore, et ce sont les rayons violets et ultra-violets qui produisent surtout la transformation, ainsi que l'a observé Vögel [1].

Draper [2], en exposant à l'action du spectre solaire une lame de phosphore très mince, coulée entre deux glaces parallèles, a pu obtenir, d'ailleurs, une image photographique du spectre pour sa partie la plus réfringente, et la fixer avec les raies, en dissolvant dans le sulfure de carbone le phosphore non transformé.

En faisant traverser à un faisceau lumineux une solution sulfocarbonique de phosphore, M. Lallemand [3] a constaté qu'il y avait en même temps transformation de phosphore ordinaire en phosphore insoluble et absorption des radiations chimiques les plus réfrangibles.

A partir de la raie N aucun rayon chimique ne traverse plus la solution.

2° Action de l'électricité. — De même que l'électricité peut transformer l'oxygène en ozone, elle est susceptible d'amener la transformation du phosphore blanc en phosphore rouge.

Schrœtter [4] démontra ce fait en 1874, en soumettant à l'action des décharges électriques de la vapeur de phosphore très raréfiée dans un tube de Geissler. Les parois du tube ne tardent pas à se recouvrir d'un léger dépôt de phosphore rouge.

Cette transformation s'effectue également en enfermant la vapeur de phosphore dans l'espace annulaire compris

[1] *Ann. de Chim. et de Phys.*, t. LXXXV.
[2] *Bull. de la Soc. de Photogr.*, t. VIII.
[3] *Comptes rendus*, t. LXX.
[4] *Journal de Physique*, 1875.

entre deux tubes concentriques et en faisant passer la décharge électrique seulement dans le tube intérieur.

3° FORMATION PAR RÉACTION CHIMIQUE. — Le phosphore rouge prend également naissance dans un certain nombre de réactions et dans la décomposition de composés phosphorés.

Ainsi le protochlorure de phosphore, sous l'action de l'eau à 80°, donne du phosphore rouge. Il en est de même de l'iodure de phosphore ; Wurtz avait constaté que la solution sulfocarbonique de biiodure de phosphore, lentement décomposée à froid par le mercure, donne du phosphore rouge; aussi admettait-il que, dans ce composé, le phosphore existe sous cet état allotropique. Sous l'action seule de la chaleur, d'ailleurs, le biiodure de phosphore se dissocie partiellement en produisant du phosphore rouge (Troost).

C'est encore du phosphore rouge qui prend naissance lorsqu'on chauffe, dans un tube scellé, à 170°, un mélange de protochlorure de phosphore et d'acide phosphoreux (A. Gautier)[1].

L'iode transforme très rapidement le phosphore ordinaire en phosphore rouge.

Ce phénomène, observé et étudié successivement par M. Corenwinder[2], M. Brodie[3], puis par M. Hittorf[4], se produit avec une grande rapidité, quand on projette une petite quantité d'iode dans du phosphore fondu et maintenu dans une atmosphère inerte à 180°-200°. D'après M. Brodie, qui a fait une étude détaillée du phénomène et des circonstances qui peuvent le modifier, une partie d'iode peut transformer jusqu'à 400 parties de phosphore; la transformation est immédiate et s'effectue avec dégagement de

[1] *Comptes rendus*, t. LXXVI.
[2] *Ann. de Chim. et de Phys.*, t. XXX.
[3] *Quarterly Journal of the Chem. Soc.* (2), t. V.
[4] *Pogg. ann.*, t. CXXI et CXXVI.

chaleur. Elle réussit aussi bien si le phosphore est fondu sous une solution chlorhydrique.

L'opinion de M. Brodie sur ce phénomène était que l'iode formait d'abord de l'iodure de phosphore et que celui-ci était presque aussitôt dissocié en phosphore qui apparaissait sous son second état allotropique, et en iode qui attaquait une nouvelle portion de phosphore, et cela un nombre indéfini de fois.

M. Hittorf a contesté cette manière d'envisager la réaction ; il attribue la transformation à l'action de la présence de l'iodure de phosphore dissous dans le phosphore. L'expérience sur laquelle s'est appuyé M. Hittorf pour substituer cette hypothèse à celle de Brodie, ne paraît pas à l'abri de la critique ou, du moins, peut se concilier avec une interprétation différente.

M. Hittorf a rempli de phosphore fondu une sorte de tube manométrique assez large, de manière que la branche fermée fût entièrement remplie de phosphore liquide, celui-ci n'atteignant que le tiers de la hauteur dans la branche ouverte. Un courant d'acide carbonique empêchait dans celle-ci l'action de l'air sur le phosphore, et l'appareil était chauffé dans un bain d'huile vers 200°.

On projetait dans le tube ouvert quelques parcelles d'iode ; la transformation s'effectuait rapidement, gagnant de proche en proche, mais s'arrêtait à la partie coudée du tube, sans se propager dans la branche verticale, où le phosphore conservait sa transparence. D'après Hittorf, cet arrêt de phénomène prouverait qu'il est dû à la présence de l'iodure de phosphore, dissous dans le phosphore, et non à une série de combinaisons et de destructions successives, la densité de l'iodure, supérieure à celle du phosphore, empêchant ce corps de monter dans la branche verticale.

Il semble qu'on puisse donner de cette expérience une

autre explication, basée sur la nature exothermique de la transformation même du phosphore.

A 200°, température du bain, le phosphore ne peut se transformer seul, et M. Brodie a montré que la rapidité de la transformation sous l'influence de l'iode est fonction des proportions relatives d'iode et de phosphore, par conséquent de la chaleur dégagée au début, et aussi, semble-t-il, d'après ses résultats, de la température à laquelle est porté le phosphore. Il semble donc plus rationnel d'admettre que la combinaison d'iode et de phosphore a pour effet de porter les parties les plus voisines à une température élevée, à laquelle s'accomplit rapidement le phénomène. La chaleur dégagée par celui-ci s'ajoute à celle qu'a dégagée l'action de l'iode sur le phosphore et, si les pertes extérieures de chaleur sont plus faibles que ces dégagements, toute la masse se transforme ; si, au contraire, ces pertes sont plus considérables que la chaleur de transformation, la température diminue à mesure que progresse le phénomène, et celui-ci s'arrête bientôt.

On peut expliquer de la même manière l'expérience de Hittorf, la forme allongée du récipient (tube) augmentant les surfaces de refroidissement par contact avec le bain d'huile relativement froid.

L'on peut rattacher à cette cause la transformation de phosphore blanc en phosphore rouge sous l'influence du sélénium (Hittorf), et sans doute aussi la même transformation sous l'influence du chlorure de soufre (Wœhler)[1].

M. Isambert[2] a montré que, lorsqu'on chauffe un mélange de soufre et de phosphore, ou un mélange de sesquisulfure de phosphore et de phosphore blanc, le produit qui prend naissance, au moment de l'explosion, est surtout constitué par du phosphore rouge.

[1] *Ann. de Chim. et de Phys.*, t. XLIV.

[2] *Comptes rendus*, t. C.

4° Action de la chaleur. — C'est surtout par l'action de la chaleur que la nature du phosphore rouge fut le plus nettement démontrée par Schrœtter ; c'est par elle qu'est aujourd'hui produit dans l'industrie tout le phosphore rouge qui est livré au commerce. C'est également par l'action de la chaleur qu'ont été déterminées les lois de la transformation allotropique du phosphore.

Cette action ne s'exerce qu'à partir d'une certaine température, et elle donne lieu à des observations très différentes, suivant qu'elle agit sur le phosphore liquide ou sur sa vapeur.

En dessous de 200°, le phosphore peut être maintenu dans une atmosphère inerte ou dans le vide, sans que le liquide ni la vapeur fournissent aucune quantité de phosphore rouge ; un tube scellé, vide d'air et renfermant du phosphore pur et sec, demeure à peu près indéfiniment inaltéré lorsqu'il est plongé entièrement dans un bain à cette température.

Si l'on augmente la température du bain en la portant et la maintenant successivement à des points fixes de plus en plus élevés, et si l'on y plonge des tubes semblables à celui dont il vient d'être parlé, on observera nettement différents phénomènes.

Déjà vers 226°, comme l'a constaté Schrœtter, et plus rapidement à 260°, le phosphore liquide se transforme en phosphore rouge, et, après un temps assez long, la transformation est à peu près complète. Le tube renferme, au lieu de phosphore blanc, une masse de phosphore rouge d'une couleur éclatante.

La vapeur de phosphore, qui s'est répandue dans l'espace vide du récipient et le sature, n'éprouve, au contraire, même après un temps de chauffe très long, aucune trace de transformation, et les parois du tube demeurent intactes.

Jusqu'au voisinage de 340°, le phénomène demeure identique : la vitesse de transformation du phosphore liquide a seule augmenté ; mais, à partir de cette température, commence la transformation de la vapeur de phosphore, et le tube se recouvre lentement d'un enduit uniforme et transparent de phosphore rouge. Mais, à l'inverse du premier phénomène, celui-ci est incomplet ; alors que tout le phosphore liquide s'était transformé en phosphore rouge, une portion de la vapeur, seulement, subit la même modification. Il reste toujours une quantité de vapeur de phosphore, non transformée, qui correspond à une tension déterminée pour chaque température, variable avec cette température, et que MM. Troost et Hautefeuille ont nommée tension de transformation.

Si nous continuons à élever la température du bain et si nous le portons vers 550°, le tube qu'on y plongera présentera le même aspect qu'avant 340°. Aucune trace de phosphore rouge n'aura tapissé les parois du tube, seul le liquide sera transformé. C'est qu'à cette température la rapidité de la transformation du phosphore liquide est tellement grande que le phosphore n'a pas le temps d'émettre, avant de se transformer, assez de vapeur pour que celle-ci dépasse la tension de transformation. Nous développerons plus loin les lois qui président à la transformation du phosphore et permettent d'expliquer ces divers phénomènes.

Nous rapportons ici d'abord les expériences de Schrœtter sur la transformation du phosphore liquide, l'étude des transformations de la vapeur de phosphore demeurant intimement liée à celle des lois de la transformation.

TRANSFORMATION DU PHOSPHORE ORDINAIRE LIQUIDE

Schrœtter, à la suite de ses recherches sur la transformation du phosphore ordinaire en phosphore rouge sous l'action de la lumière, eut l'idée de substituer la chaleur à cet agent. Du phosphore, aussi sec que possible, fut enfermé dans une cornue dont le col présentait un renflement. Quelques fragments de phosphore et, plus loin, une matière desséchante, du chlorure de calcium, furent placés dans le col de la cornue, dont l'extrémité fut terminée par un long tube plongeant dans le mercure. L'oxygène contenu dans l'appareil fut absorbé d'abord, en enflammant les fragments de phosphore dans le col de la cornue, et le phosphore que contenait l'appareil desséché en le maintenant assez longtemps à 100°.

En chauffant ensuite la panse de la cornue vers 226° Schrœtter vit le phosphore fondre, prendre une teinte jaune, puis rouge. La masse n'offrait pas une coloration homogène, et l'on y distinguait une poussière rouge ; après une action assez prolongée, le phosphore blanc se trouva remplacé par une masse rouge analogue au phosphore rouge produit par la lumière.

Afin de démontrer plus complètement encore que le phosphore rouge n'était que du phosphore, Schrœtter se proposa de faire successivement passer le phosphore ordinaire à l'état de phosphore rouge, et de régénérer le corps initial, en continuant à appliquer l'action de la chaleur sur le phosphore déjà transformé.

Les deux parties de l'expérience offrent un intérêt trop particulier pour qu'il soit permis de les séparer ici. Pour exécuter cette démonstration, Schrœtter souffla dans un tube de verre dur une suite de boules, et dans la première plaça une certaine quantité de phosphore translucide. Un courant d'acide carbonique sec fut établi dans le tube à boules, qui fut terminé par un long tube vertical plongeant dans une cuve à mercure. Après avoir chassé soigneusement tout l'air de l'appareil, Schrœtter continua le courant de gaz inerte et chauffa le phosphore pour le débarrasser de toute humidité. Enfin, en fondant au chalumeau un étranglement qui précédait les boules, il isola l'appareil ainsi plein d'acide carbonique. Il porta alors et maintint longtemps le phosphore à la température à laquelle commence la transformation.

Après un temps suffisant, la majeure partie se trouva remplacée par du phosphore rouge, sans qu'on put constater d'absorption ni de dégagement gazeux. La température fut alors élevée rapidement, pour déterminer la volatilisation du phosphore demeuré non transformé, et celui-ci se condensa dans la deuxième boule. En lui faisant subir un traitement analogue à celui qu'il avait subi sous la première, on obtint de même un résidu de phosphore rouge en même temps qu'une volatilisation de phosphore non transformé dans la boule suivante. En continuant ainsi, tout le phosphore blanc se trouva rassemblé dans la dernière boule, les autres renfermant le phosphore rouge.

Pour démontrer que ce phosphore rouge n'était que du phosphore, Schrœtter chauffa fortement la première boule, et lentement tout le phosphore rouge que contenait celle-ci se volatilisa, sans laisser de résidu, se condensant dans la boule suivante sous sa forme translucide habituelle. En opérant de même pour les autres, tout le phosphore rouge formé dans la première partie de l'expérience fut à son tour détruit et transformé sans résidu, en phosphore blanc, qui se trouva rassemblé dans la dernière boule.

Cette expérience décisive démontrait donc que le phosphore rouge n'est qu'une variété allotropique du phosphore ordinaire.

LOIS DES TRANSFORMATIONS ALLOTROPIQUES DU PHOSPHORE

Les lois numériques de la transformation des états allotropiques du phosphore l'un dans l'autre, ont été successivement étudiées par Hittorf [1], par M. G. Lemoine [2] et par MM. Troost et Hautefeuille [3].

Nous rapporterons successivement les travaux et les conclusions de ceux-ci dans l'ordre chronologique des publications.

Il y a lieu, ainsi que je l'ai dit précédemment, d'établir une distinction très nette des phénomènes de la transformation, suivant qu'ils s'opèrent dans le phosphore liquide, ou qu'ils s'effectuent sur la vapeur de ce corps, et c'est l'étude de cette dernière qui nous fournira les données les plus intéressantes.

Le phosphore liquide, nous l'avons vu, se transforme en phosphore rouge, dès la température de 200° ; et c'est seulement à 340° que la vapeur de phosphore éprouve un commencement de transformation. Nous avons donc trois cas à considérer suivant la température à laquelle l'expérience a lieu.

1° Au-dessous de 200°, le liquide ou la vapeur de phosphore pourront être chauffés, sans que l'on obtienne aucune quantité de phosphore rouge ;

2° De 200° à 340°, seul le phosphore liquide éprouvera une transformation, la vapeur demeurant ce qu'elle est au début, c'est-à-dire conservant, quelque soit le temps de chauffe, la tension maximum qui correspond à cette température ;

3° Au-dessus de 340°, le liquide et la vapeur vont, l'un et l'autre, éprouver une modification, et nous étudierons la limite vers laquelle tend le phénomène.

Et, dans ce dernier cas, nous aurons plusieurs divisions à faire, suivant que la transformation du phosphore à l'état

[1] *Poggendorf Ann.*, t. CXXI et CXXVI.

[2] *Ann. de Chim. et de Phys.*, t. XXIV et XXVII ; — *Comptes rendus*, t. LXXIII ; — *Bull. de la Soc. Chim.*, t. I et VIII.

[3] *Ann. de Chim. et de Phys.* (1874) ; — *Comptes rendus*, t. LXXVI et LXXVIII ; — *Ann. Sc. de l'Ecole normale* (1873).

liquide sera plus lente ou plus rapide à s'achever que la vapeur du phosphore blanc à acquérir sa tension maxima à la température de l'expérience.

Expériences de M. Hittorf. — C'est M. Hittorf qui, le premier, entreprit l'étude des lois numériques de la transformation du phosphore.

Une certaine quantité de ce corps, soigneusement desséchée, était enfermée dans des tubes de verre fermés d'un bout, de 20 centimètres cubes environ de capacité, et terminés par une ampoule. Après avoir fait le vide dans ces appareils au moyen de la pompe à mercure de Geissler, on les fermait à la lampe. Ils étaient portés ensuite dans une atmosphère de température fixe où ils demeuraient un certain temps. Pour déterminer, à la fin de l'expérience, la quantité de phosphore non transformée, on refroidissait l'ampoule, tout en maintenant le reste du tube à 200°. La vapeur de phosphore se condensait dans l'ampoule qu'on détachait après refroidissement pour peser le phosphore blanc. Le volume de ces appareils était déterminé avec soin, et on déduisait de ces données la tension de vapeur du phosphore ordinaire qui demeurait dans le tube à la fin de l'opération. A la suite de ces expériences, M. Hittorf annonça, en 1867, que le phosphore possède, sous chacun de ses deux états, une tension de vapeur distincte. Il admit que la force élastique du phosphore ordinaire, après avoir diminué pendant la formation du phosphore rouge, atteignait une limite qui restait toujours supérieure à celle que l'on obtenait en partant du phosphore rouge.

Ainsi que l'a démontré, peu de temps après, M. Lemoine dont nous allons résumer les travaux, ces conclusions de Hittorf sont erronées; les expériences de ce savant, bien que très exactes, étaient insuffisamment prolongées.

Expériences de M. G. Lemoine. — Ainsi que nous venons de le dire, les expériences de M. Hittorf le conduisaient à admettre l'existence de deux limites différentes à la même température suivant qu'on part du phosphore ordinaire ou du phosphore rouge.

M. G. Lemoine reprit cette étude à la température fixe de 440° et établit à cette température la loi numérique des transformations du phosphore. Il démontra d'abord que, quel que soit l'état allotropique d'où l'on part, la limite vers laquelle tend le phénomène est identique, et qu'après un temps assez prolongé, plus prolongé que ne l'avait fait M. Hittorf, une même enceinte renferme, pour la même température, une même quantité de phosphore blanc.

M. Lemoine se servait de ballons de verre vert, d'une capacité de 250 à 500 centimètres cubes dans lesquels des poids connus de phosphore rouge ou blanc étaient placés dans une atmosphère d'acide carbonique ; afin d'enlever toute trace d'oxygène et d'eau, les ballons étaient portés dans un bain d'huile à une température de 250° pour le phosphore rouge, de 160° pour le phosphore ordinaire.

On faisait, en même temps, le vide dans les ballons qu'on remplissait plusieurs fois de gaz inerte (Az). Après avoir fait le vide une dernière fois, on fermait le ballon à la lampe. Pour le phosphore blanc, on faisait le vide à 15 ou 20 millimètres près : le phosphore entrait en ébullition, chassait le gaz et l'eau, et l'on fermait le ballon à l'ébullition cessante.

Ces ballons étaient chauffés dans la vapeur de soufre, sous la pression ordinaire pendant des temps variables. On prenait soin, l'expérience terminée, de refroidir, aussi rapidement que possible par des affusions d'eau chaude, la marmite de fer qui servait à ces expériences, afin d'éviter l'influence des températures décroissantes.

L'analyse du phénomène consistait ensuite à doser dans chaque ballon la proportion du phosphore blanc formée ou demeurée indemne.

L'on y arrivait en les ouvrant sur le sulfure de carbone, laissant digérer et séparant ensuite, par filtration et lavage au sulfure de carbone, le phosphore rouge insoluble. En se conformant aux prescriptions indiquées par Schrœtter, c'est-à-dire en maintenant le filtre toujours rempli de liquide, l'on n'a pas à craindre l'inflammation du phosphore. Après lavage complet, le phosphore rouge était pesé après l'avoir débarrassé des traces de sulfure de carbone par un séjour sous une cloche en présence du réactif de M. Berthelot (potasse imbibée d'alcool).

Pour le dosage du phosphore blanc, M. Lemoine eut successivement recours à plusieurs méthodes, entre autres, la pesée du phosphore blanc, après expulsion du sulfure de carbone par distillation dans un courant d'acide carbonique ; l'oxydation de ce phosphore et le dosage de l'acide phosphorique à l'état de phosphate ammoniaco-magnésien, etc.

La meilleure méthode consistait à doser le phosphore dans sa solution sulfocarbonique, au moyen d'une solution étendue et titrée de brome dans le même dissolvant.

M. Lemoine démontra d'abord que la quantité de phosphore blanc qui demeure, après une chauffe assez prolongée à 440°, soit que l'on ait enfermé dans le ballon du phosphore blanc ou du phosphore rouge, est indépendante des poids de phosphore employés (à la condition qu'ils soient suffisants pour saturer le volume du récipient), et que dans un cas comme dans l'autre elle est proportionnelle au volume de l'enceinte et correspond à 3^{gr},6 à 3^{gr},7 par litre de capacité.

Montrant ensuite l'influence du temps, dont M. Berthelot avait déjà fait ressortir l'importance dans l'accomplissement des réactions chimiques, à propos de l'éthérification, M. Lemoine a ensuite étudié les variations de la vitesse de transformation avec les poids de phosphore mis en jeu. En chargeant les ballons de poids variables de phosphore, et en donnant aux expériences des durées différentes, il constata que la vitesse de la transformation dépend de la quantité de phosphore et croît rapidement avec elle.

M. Lemoine a montré également que la présence d'une atmosphère inerte est sans action sur le poids de phosphore ordinaire qui demeure après l'expérience.

Théorie de M. G. Lemoine[1]. — D'après M. Lemoine, lorsqu'on chauffe du phosphore rouge dans une enceinte vide et limitée, et dont tous les points sont maintenus à la même température, deux phénomènes inverses s'effectuent simultanément; d'une part, le phosphore rouge se transforme et émet des vapeurs de phosphore blanc qui se répandent dans l'enceinte. D'autre part, ces vapeurs de phosphore ordinaire subissent une transformation inverse et régénèrent continuellement du phosphore rouge. La proportion de vapeur de phosphore dépend donc de la différence des vitesses des deux transformations inverses; la limite ou la tension des transformations correspond à l'égalité de ces vitesses, à l'équilibre des deux actions antagonistes.

M. Lemoine a mis cette théorie sous une forme mathématique que nous allons rappeler brièvement.

On considère le cas d'une enceinte d'un litre de capacité, uniformément chauffée à une température constante, assez élevée pour que le poids p de phosphore qu'elle contient soit au début tout entier à l'état de vapeur.

On suppose qu'à un certain moment, une portion y de ce phosphore est à l'état de phosphore ordinaire, le reste, c'est-à-dire $p - y$, étant déjà transformé en phosphore rouge. On admet également que l'état de division du phosphore rouge demeure identique, ce qui permet de considérer sa surface libre comme proportionnelle à son poids $p - y$ et de prendre l'un pour l'autre dans le raisonnement.

[1] *Ann. Chim. et Phys.*, 1872, t. XXVII.

1° Le phosphore rouge se transforme en phosphore blanc en absorbant de la chaleur fournie par le bain, dans lequel est plongée l'enceinte. On peut admettre que chaque particule se transforme isolément, et que la quantité de vapeur de phosphore est proportionnelle par conséquent au poids du phosphore rouge; on peut donc exprimer cette quantité dy, dégagée dans le temps dt, par :

$$(dy)_1 = a\,(p - y)\,dt\,;$$

2° Simultanément le phosphore ordinaire se transforme en phosphore rouge, en dégageant de la chaleur. Au contraire, si on attribue ce dégagement de chaleur à la fixation des molécules, on peut supposer que les molécules de phosphore blanc se fixent sur d'autres molécules identiques ou bien qu'elles se fixent sur des molécules de phosphore rouge. M. Lemoine écarte la première hypothèse comme donnant pour la limite des résultats contraires à l'expérience, et admet que la vapeur de phosphore « se concrète pour ainsi dire au contact de chacune des particules de phosphore rouge ». Dans ce cas, qui est celui d'un système non homogène, on admet que les masses agissantes sont proportionnelles, pour le phosphore rouge, à sa surface ou à son poids, py ; pour le phosphore blanc, à la tension de la vapeur, soit à y.

Pendant le temps dt, la quantité de phosphore rouge ainsi formée serait donc :

$$(dy)_2 = b\,(p - y)\,\varphi\,(y)\,dt.$$

Et le résultat final de ces deux transformations inverses sera :

$$\frac{dy}{dt} = \frac{(dy)_1 - (dy)_2}{dt} = (p - y)\,[a - b\varphi\,(y)].$$

L'équilibre sera donc atteint quand on aura :

$$\frac{dy}{dt} = o,$$

ou :

$$a - b\varphi\,(y) = o\,;$$

la quantité de phosphore blanc qui caractérise la limite sera donc :

telle que : $$\varphi(l) = \frac{a}{b}$$

La vitesse de transformation est représentée à chaque instant, en fonction de la limite et de y, par la formule :

$$\frac{\frac{dy}{dt}}{p - y} = a - b\varphi(y) = b\,[\varphi(l) - \varphi(y)].$$

Ce qui exprime que la vitesse de transformation est d'autant plus lente que y s'approche de la limite l.

« En fait la fonction paraît peu différer de la simple loi de proportionnalité et l'on peut réduire la formule à :

$$\frac{dy}{dt} = a\,(p - y) - by\,(p - y)$$

et en posant : $$l = \frac{a}{b}$$

il vient : $$\frac{\frac{dy}{dt}}{p - y} = b\,(l - y).$$

« Alors la vitesse de transformation rapportée à l'unité de masse du phosphore rouge est, à chaque instant, proportionnelle à la différence entre la tension actuelle du phosphore ordinaire, et la tension limite. »

« En intégrant l'équation différentielle précédente et en employant les logarithmes ordinaires dont le module est 0,434 on a :

$$-0{,}434b\,(p - l)\,t = \log\frac{y - l}{p - y} + c.$$

M. Lemoine a comparé les résultats de ses expériences à 440° avec ceux qu'on peut déduire de cette formule.

La constante l n'est autre que la limite donnée par toutes les expériences, soit 3^{gr},6 environ à 440°, d'après les propres expériences de M. Lemoine et le chiffre également trouvé par MM. Troost et Hautefeuille.

M. G. Lemoine, après des essais méthodiques, a pris pour valeur de b le nombre 0,0115. La constante C qu'il est impossible de déterminer en supposant qu'on part du phosphore ordinaire pur (puisque, si $y = p$, $dy = o$), est calculée au moyen d'une expérience accessoire pour chaque série.

M. Lemoine a ainsi trouvé que les nombres fournis par le calcul étaient très voisins de ceux qu'il avait obtenus dans ses expériences à 440°. Voici, par exemple, dans une série portant sur un poids de phosphore $p = 30$ grammes par litre et possédant la valeur de $y = 5,4$ pour $t = 2$ grammes, quels sont les résultats du calcul et de l'expérience :

Valeurs de t	8gr	17gr	24gr	41gr
Résultats de l'expérience....	3.9	3.7	3.6	3.6
» du calcul.........	3.91	3.62	3.602	3.6

Expériences de MM. Troost et Hautefeuille. — MM. Troost et Hautefeuille, à la suite de leurs beaux travaux sur les transformations isomériques du cyanogène, puis de l'acide cyanique, liquide et gazeux, sous l'influence de la chaleur, ont repris l'étude de la transformation du phosphore, à différentes températures. Ils ont montré que ce corps donne lieu, lui aussi, à deux phénomènes différents, suivant que le phosphore rouge prend naissance au sein du phosphore liquide, ou bien par l'action de la chaleur sur sa vapeur. Alors que le phosphore liquide, porté à 280°, se transforme brusquement et intégralement en phosphore rouge, comme l'acide cyanique liquide en cyamélide, et cela avec un grand dégagement de chaleur, la vapeur de phosphore ne se modifie que lentement par la chaleur, et la transformation cesse, pour une certaine tension minima, inférieure à la tension de vapeur du phosphore blanc à la même température. Ce phénomène donne lieu aux mêmes observations que la transformation des vapeurs d'acide cyanique en acide cyanurique, aux températures voisines de 200°. Cette tension, constante pour une température donnée, a reçu de MM. Troost et Hautefeuille le nom de tension de transformation et a été définie par eux de la façon suivante : « La tension de transformation d'une vapeur pour une température donnée se distingue de sa tension maxima relative à la même température, à la fois par sa valeur absolue, et par le fait qu'elle ne s'établit, en général, que très lentement. Ce n'est qu'à des températures élevées que la rapidité avec laquelle on obtient la tension de transformation devient plus grande et comparable à celle avec laquelle s'établit la tension maxima d'une vapeur. »

Cette distinction permet de saisir le phénomène complexe que peut présenter le phosphore, se vaporisant et se transformant à la même température. On a, pendant un certain temps, une tension maximum de vapeur, limitant le phénomène physique de la vaporisation, et finalement une tension minimum qui limite le phénomène chimique de la transformation.

MM. Troost et Hautefeuille ont entrepris, d'abord, une série d'expériences pour fixer le poids approximatif de vapeur de phosphore que peut contenir un vase de capacité déterminée, à certaines températures fixes. Pour cela ils ont chauffé des poids variables de phosphore dans des vases transparents. Ces expériences leur ont fourni une première limite inférieure de la tension maximum de la vapeur de phosphore. L'action prolongée de la chaleur, en transformant une partie de la vapeur en phosphore rouge, leur a permis de constater que la transformation cesse quand la tension atteint une valeur minima fixe.

Deux séries d'expériences ont été exécutées aux températures fixes de 360° et 440°, elles ont fourni le poids du litre de vapeur, pris sous la pression correspondante, à la tension de transformation qu'on en peut déduire.

Ainsi à 360°, après deux cent quarante heures de chauffe, le poids du litre de vapeur est 1^{gr},4, ce qui correspond à une tension de transformation égale à 0^{atm},6. A 440°, après trente heures de chauffe, le poids est de 3^{gr},7, et la tension de transformation est évaluée à 1^{atm},75.

Les tensions de vapeur maximum du phosphore correspondant à ces températures et déterminées simultanément sont de 3^{atm},2 à 360° et de 7^{atm},5 à 440°.

Ces chiffres montrent quelles différences considérables il existe entre les tensions maxima de vapeur et les tensions de transformation à la même température.

Pour continuer l'étude du phénomène à des températures plus élevées, MM. Troost et Hautefeuille ont dû recourir à une méthode de mesure indirecte, dont ils ont contrôlé l'exactitude aux mêmes températures de 360 à 440°, par comparaison avec les résultats qu'ils avaient obtenus avec la méthode directe.

Ils chauffaient, dans la vapeur de soufre ou de mercure, un tube muni d'une ampoule inférieure, contenant le phosphore, et qu'ils prenaient soin, à l'aide d'un dispositif spécial, d'échauffer de haut en bas. Grâce à ce moyen, tout le phosphore rouge, produit au sein du liquide, demeurait dans l'ampoule; celui, au contraire, qui avait pris naissance aux dépens de la vapeur, demeurait au dessus, tapissant les parois d'un enduit rouge. « La somme des poids de cet enduit et du phosphore resté en vapeur permet, par suite, de calculer la force élastique maximum correspondante. »

Pour opérer à des températures supérieures à 440°, on introduit lentement les tubes à ampoules de bas en haut, dans un tube vertical fermé à sa partie supérieure, et chauffé à une température constante dans un bain de plomb en fusion. La température est déterminée par un thermomètre à air. Le tube est chauffé pendant des temps variables, assez longs toutefois ; retiré, il est mis à refroidir dans une position inclinée, de façon que le phosphore qui se condense demeure aussi éloigné que possible de l'ampoule, afin qu'on puisse séparer nettement les deux parties du phénomène. Le phosphore rouge qui provient de la transformation du liquide est tout entier dans l'ampoule; celui qui résulte de la transformation de la vapeur tapisse les parois du tube sous la forme d'un enduit uniforme et translucide de couleur rouge pourpre.

La somme des poids de cet enduit et du phosphore blanc qui s'est condensé pendant le refroidissement représente le poids de la vapeur de phosphore ordinaire qui occupait le volume du tube au début, c'est-à-dire sous la tension maxima, et permet de calculer également celle-ci. MM. Troost et Hautefeuille ont ainsi pu constater que les tensions de transformation sont indépendantes de l'excès plus ou moins grand de phosphore employé, et constantes pour une température donnée, du moins, tant qu'on opère au-dessous de 520°. Car, au-dessus de cette température, la transformation du liquide en phosphore rouge est plus rapide que la vaporisation ; dès lors, la tension de phosphore rouge n'est jamais supérieure à la tension de transformation, de sorte qu'il ne se forme pas d'enduit dans le tube; néanmoins, pendant le refroidissement, les gouttelettes de phosphore ordinaire se transforment partiellement à cause de la température élevée à laquelle elles se trouvent; on ne peut donc mesurer que les tensions de transformation ; on les atteint, d'ailleurs, en quelques minutes. Il est préférable, pour ces températures, de partir du phosphore rouge. Voici les résultats obtenus par cette méthode :

Températures	Tensions maxima	Tensions et transformations
360	$3^{atm},2$	$0^{atm},6$
440	7 5	1 75
487	»	6 8
494	18 0	»
503	21 9	»
510	»	10 08
511	26 2	»
531	»	16
550	»	31
577	»	56

Ainsi que le démontrent ces résultats, la transformation de la vapeur du phosphore est d'autant plus rapide que la température est plus élevée. Et, comme la tension de transformation est beaucoup plus basse que la tension à vapeur maxima, on peut en conclure que, dans une enceinte présentant des parois à des températures différentes, c'est sur les parties les plus chaudes que s'effectueront d'abord la transformation et le dépôt de phosphore rouge. C'est aussi ce que l'expérience a démontré à MM. Troost et Hautefeuille.

Ces savants ont enfermé, dans un tube clos, vide d'air, une certaine quantité de phosphore rouge, et ils ont porté les deux extrémités de ce tube à des températures fixes, mais différentes, et inférieures à 500°. En chauffant la partie médiane qui contenait le phosphore rouge, à 500°, la vapeur de phosphore a rempli le tube et, lorsque la tension en a dépassé la tension maxima correspondant à la température de l'extrémité la plus froide, le phosphore s'y est condensé. Cette tension représente donc la pression de la vapeur dans toute l'enceinte.

Par un choix convenable des températures des deux extrémités de tubes, par exemple en plongeant l'une dans la vapeur de mercure, 360°, et l'autre dans la vapeur de bromure de mercure, 320°, on obtint dans l'extrémité la plus chaude un enduit de phosphore rouge, tandis que, dans la seconde, s'est condensé du phosphore liquide ; c'est donc bien dans la partie la plus chaude que s'effectue la transformation, à la seule condition de maintenir toujours la tension maxima correspondant à la température de l'extrémité la plus froide. En portant les deux parties du tube à 440 et 420°, le sens du phénomène est le même.

On le voit donc, les transformations qui s'effectuent dans le liquide et dans la vapeur obéissent à des lois différentes.

TRANSFORMATION DU PHOSPHORE ROUGE EN PHOSPHORE ORDINAIRE

Ainsi que nous l'avons vu, Schrœtter a pu transformer le phosphore rouge en phosphore blanc, mettant ainsi hors de doute la véritable nature de ce corps.

Si on chauffe le phosphore rouge vers 260°, il disparaît peu à peu, et l'on peut recueillir du phosphore blanc.

Cette transformation prend alors les caractères d'une distillation, mais elle s'en distingue par une extrême lenteur.

Si l'on opère ainsi en atmosphère illimitée, ou en vase clos en présence d'une paroi froide, capable de condenser la vapeur de phosphore, ou encore en présence d'un corps capable de s'emparer du phosphore à mesure de sa transformation en vapeur, par exemple le cuivre, on conçoit que tout le phosphore rouge pourra se transformer.

Si, au contraire, on opère dans un vase clos, vide d'air, et dont toute la paroi est à la même température, le phénomène sera différent, et nous avons vu que la transformation s'arrêtait quand la vapeur de phosphore ainsi émise avait atteint, après un temps convenable, une certaine valeur déterminée pour chaque température, et que M. Lemoine avait trouvée identique à celle qui demeure quand la transformation du phosphore blanc en phosphore rouge a atteint sa limite définitive.

En étudiant avec beaucoup de soin la vitesse de transformation du phosphore rouge en fonction des poids de phosphore et de la température, M. G. Lemoine a observé un phénomène singulier, sur lequel nous allons nous arrêter, et qu'il a désigné sous le nom de perturbation. La tension de vapeur de phosphore émise par le phosphore rouge, pris en quantité suffisante, atteint d'abord la valeur que MM. Troost et Hautefeuille ont nommée tension de transformation ; mais, au lieu de limiter la formation des vapeurs de phosphore, comme on eût pu s'y attendre, la transformation continue à s'effectuer, et la tension atteint une valeur supérieure à la tension de transformation ; mais, bientôt, la tension décroît de nouveau avec lenteur, pour se fixer définitivement à une valeur identique à la tension de transformation.

M. Lemoine, qui, le premier, a signalé ce phénomène, a désigné la pression la plus élevée sous le nom de limite provisoire, et le phénomène sous celui de perturbation.

MM. Troost et Hautefeuille ont également constaté cette particularité ; mais les circonstances dans lesquelles ces savants l'ont étudiée, les ont amenés à une explication du phénomène différente de celle qu'avait proposée M. Lemoine.

Rappelons d'abord les expériences et les conclusions de ce dernier savant.

Dans une enceinte vide et limitée, portée tout entière à la même température, 440°, M. Lemoine a chauffé des quantités variables de phosphore rouge, allant jusqu'à 1 000gr par litre de capacité de l'enceinte ; il a dosé la quantité de phosphore blanc formée après des temps variables, et il a constaté que, lorsque l'on emploie des poids de phosphore rouge, assez grands par rapport à la capacité de l'enceinte, par exemple, 16 grammes, 30 grammes, 100 grammes, etc., la quantité de phosphore blanc formée croît pendant un certain temps, atteint une limite (limite provisoire) et rétrograde pour devenir identique à celle qui demeure non transformée à cette même température, lorsqu'on part du phosphore blanc. De plus, cette limite provisoire est atteinte elle-même en des temps d'autant plus courts que la quantité de phosphore employée est plus considérable, mais en demeurant toutefois, en valeur absolue, indépendante de ces poids.

L'interprétation de ces faits donnée par M. Lemoine est une conséquence de la théorie qu'il a donnée du phénomène général de la transformation et que nous avons développée déjà.

M. Lemoine admet que, lorsqu'on chauffe du phosphore rouge, deux phénomènes inverses prennent naissance : le phosphore rouge subit une transformation et répand des vapeurs de phosphore blanc qui emplissent le volume de l'enceinte, mais en même temps ce phosphore blanc subirait la transformation inverse, et l'équilibre final résulterait de l'égalité de vitesse de ces deux actions simultanées.

M. Lemoine admet ici que cette transformation des vapeurs de phosphore blanc en phosphore rouge présente comme stade intermédiaire la condensation de ces vapeurs à l'état de phosphore blanc, et cela seulement à la surface du phosphore rouge. La raison qu'il invoque pour faire adopter cette dernière hypothèse est la suivante que je cite textuellement : « Il n'y a pas lieu de s'étonner de ce que le phosphore ordinaire se condense sur le phosphore rouge et non sur les parois. En effet, les parois du ballon sont rigoureusement à la température de 440°, tandis que le phosphore rouge, qui est à l'intérieur du ballon et qui a une masse plus ou moins considérable, doit avoir une température très légèrement inférieure. » Le phosphore blanc ainsi condensé éprouverait bientôt la transformation à l'état liquide en phosphore rouge. Ceci expliquerait le changement d'aspect qu'éprouve le phosphore rouge chauffé comme nous venons de le voir. Dans ces conditions, en effet, de pulvérulent et de rouge qu'il était au début, il devient agglutiné et d'une coloration plus pâle.

Pour M. Lemoine chaque particule de phosphore rouge pulvérulent se transforme pour son compte et proportionnellement à sa surface. En admettant cette manière de voir, on conçoit que le phosphore aggloméré, ayant une surface bien moindre, éprouvera une transformation plus lente; sa vitesse de transformation se trouvant dans ce dernier cas inférieure à la vitesse qu'il possède à l'état pulvérulent, l'équilibre qui s'était établi en premier lieu entre les deux transformations inverses va cesser et la transformation du phosphore blanc en phosphore rouge va l'emporter, diminuant ainsi la tension de vapeur de phosphore qui caractérisait l'équilibre au début. A mesure que l'empâtement du phosphore rouge va s'accentuer, la limite va descendre ainsi jusqu'au moment où cet empâtement aura atteint son maximum, qui serait identique à celui qu'il présente dans la transformation directe du phosphore blanc; la limite à ce moment sera identique à celle qu'on avait obtenue pour ce dernier phénomène.

M. Lemoine a appliqué également à la transformation du phosphore rouge en phosphore blanc, en vase clos, vide d'air, et dont toute la paroi est à la même température, la théorie que nous avons développée plus haut; mais, à cause de cette limite provisoire, les formules établies précédemment sont insuffisantes à représenter le phénomène, et il faut faire une nouvelle hypothèse.

Les constantes a et b prennent des valeurs variables avec l'état de compacité du phosphore rouge, et ces valeurs tendent évidemment vers celles qui régissent le phénomène, quand on part du phosphore rouge, et qui correspondent à la compacité parfaite. Suivant l'hypothèse de M. Lemoine, sur chaque particule de phosphore rouge se condense du phosphore ordinaire qui, se transformant en phosphore rouge, augmente la compacité de la matière et fait subir à a et b des variations da et db qui dépendent de la quantité ainsi condensée : soit $by\ (p - y)\ dt$ dans le temps dt. M. Lemoine en tire deux formules approchées qui lui permettent de calculer ces variations de a et b et d'arriver ainsi à prévoir avec assez d'exactitude les résultats fournis par l'expérience.

Dans le cas où on ajoute dans le vase clos une certaine quantité de cuivre, qui absorbe la vapeur du phosphore, à mesure qu'elle prend naissance, le phénomène est beaucoup plus simple, une des deux actions antagonistes étant supprimée : la transformation de la vapeur du phosphore ordinaire en phosphore rouge ; la compacité reste identique à ce qu'elle était au début, pour la même raison.

La formule se réduit à sa première partie qui exprime la transformation du phosphore rouge en phosphore ordinaire :

$$\frac{dy}{dt} = a\ (p - y),$$

qui, intégrée en supposant $y = o$ pour $t = o$, donne :

$$\log\left(1 - \frac{y}{p}\right) = -\ 0{,}434\ a_o t.$$

En appliquant cette formule aux différents résultats de l'expérience, M. Lemoine a vérifié l'exactitude de cette formule : il a obtenu pour a_o une valeur sensiblement constante.

MM. Troost et Hautefeuille, en opérant à des températures différentes, ont observé la même variation de la limite. L'étude qu'ils ont faite des variétés de phosphore différentes suivant la température à laquelle a été effectuée la transformation, les variations d'aspect, de densité, de chaleur, de combustion que présentent ces divers phosphores rouges, ont conduit ces savants à une autre interprétation du phénomène, que nous reproduisons ici.

« Le phosphore rouge, chauffé à une température inférieure à celle où il a été produit, émet des vapeurs avec d'autant plus de lenteur qu'il a été préparé à une température plus élevée, et la tension de vapeur croît lentement pour atteindre, sans jamais la dépasser, la tension de transformation.

Si, au contraire, le phosphore rouge a été préparé à une température inférieure à celle à laquelle on le soumet ensuite, il se produit un phénomène analogue à celui qu'on observe avec le phosphore ordinaire : la vapeur émise acquiert rapidement une tension supérieure à la tension de transformation correspondante à la nouvelle température ; puis, cette tension décroît, comme dans le cas du phosphore blanc, pour prendre finalement une valeur minima qui est celle de la tension de transformation. Chaque variété de phosphore rouge présente donc, lorsqu'on la chauffe à une température supérieure à celle à laquelle elle a été produite, une espèce de tension maxima toujours inférieure à celle du phosphore blanc.

Ce phénomène général, qui tient à ce que les diverses variétés de phosphore rouge retiennent d'autant plus de chaleur latente qu'elles ont été préparées à plus basse température, comprend celui qu'a observé M. Lemoine en chauffant à 440° du phosphore rouge du commerce, et qu'il désigne sous le nom de perturbation, en cherchant à l'expliquer par l'hypothèse d'un empâtement particulier qui se produirait à la longue. »

M. Lemoine oppose à ces considérations les résultats identiques qu'il a obtenus à 440°, d'une part, avec le phosphore rouge du commerce, purifié, et, d'autre part, avec ce même phosphore, maintenu huit heures à 440°, mais pulvérisé après refroidissement, de manière à lui rendre la même surface d'action que dans le premier cas. MM. Troost et Hautefeuille ont montré que, en maintenant longtemps à une température fixe du phosphore rouge obtenu à plus basse température, ce dernier se modifiait et acquerrait les propriétés et l'aspect de celui qu'on peut obtenir directement à la température supérieure. On devrait donc admettre que la limite pour le phosphore maintenu huit heures à 440°, puis pulvérisé et soumis de nouveau à 440°, ait dû rester inférieure et au plus égale à la tension de transformation à 440°. Elle ne devrait pas la dépasser, si ce phénomène est seulement dû à la chaleur latente conservée par la variété étudiée, et non à l'état de division qu'elle possède. Or ce phosphore donne lieu à l'observation, d'après M. Lemoine, d'une limite provisoire identique à celle du phosphore du commerce purifié.

Hittorf et, après lui, M. Moutier ont considéré que la tension de transformation n'est autre chose que la tension de vapeur du phosphore rouge. Si l'on admet cette façon de voir, on peut admettre aussi pour les différentes variétés de phosphore rouge, caractérisées par MM. Troost et Hautefeuille, une tension de vapeur spéciale pour chacune d'elles, tension de vapeur qui serait d'autant plus petite que la variété est plus dense. Telle variété obtenue à basse température présenterait donc, quand on la porte à une température plus élevée, une certaine tension propre ; mais, par suite de sa transformation lente en la variété stable à cette température nouvelle, sa tension de vapeur diminuerait lentement pour prendre, quand la transformation de la première variété dans la seconde serait totale, une tension égale à la tension de vapeur qu'eût présentée directement à cette même température la variété qu'on y peut préparer, ou la tension de transformation à cette température.

On peut objecter à cette interprétation le fait cité par MM. Troost et Hautefeuille.

La tension de vapeur du phosphore rouge chauffé à une température *inférieure* à celle où il a été produit, *atteint*, sans la dépasser, la tension de transformation correspondant à cette température. Ce fait ne serait explicable qu'en admettant la transformation de la variété dense en la variété qui s'obtient à plus basse température et aucune expérience, croyons-nous, n'a été faite pour éclaircir ce point; pourtant, ainsi que l'ajoutent les auteurs que nous venons de citer, l'émission de vapeur, dans ces conditions, est d'autant plus lente que le phosphore rouge a été préparé à plus haute température, et ce n'est que très lentement que la tension de vapeur atteint la valeur de la tension de transformation. Hittorf avait fait la même remarque pour le phosphore cristallisé.

Toutes ces considérations, ainsi que celles qui peuvent découler de l'examen des densités et des chaleurs de combustion des diverses variétés de phosphore rouge, et ainsi que de leur aspect qu'on sait varier continuellement, quand on porte le phosphore d'une température à une autre plus élevée, tendent à faire admettre l'existence de deux variétés de phosphore rouge qui existeraient dans les diverses variétés intermédiaires, en proportions variables avec la température.

Théorie de M. Moutier. — A la suite de ses travaux sur la thermodynamique et après avoir étendu aux phénomènes de dissociation les formules établies par Clausius, pour la vaporisation et la fusion, M. Moutier rattache à ce phénomène, dont elles seraient en somme le cas le plus simple, les transformations allotropiques de certains éléments, et en particulier celle que nous présente le phosphore. Il admet que la tension de transformation est la tension de vapeur du phosphore rouge.

Soit un corps, le phosphore, qui peut se présenter à la même température sous deux états différents, M et M';

appelons chaleur de transformation, Q, la quantité de chaleur absorbée par un kilogramme de ce corps, pour passer de l'état M à l'état M' ; admettons que le corps se vaporise sous ses deux états, et avec des tensions p et p' différentes pour la même température (fait que M. Moutier a démontré comme une déduction des lois de la thermodynamique, et qui a été vérifié pour la glace et l'eau).

Quelle relation existe-t-il entre Q, p et p' ?

Si u et u' sont les volumes spécifiques du corps ; v et v', les volumes spécifiques des vapeurs du corps, sous les états M et M', nous pouvons imaginer le cycle suivant d'opérations effectuées à température constante.

1° Le corps passe de l'état M à M' sous pression constante, ω ; il absorbe Q. La chaleur consommée par le travail extérieur est, en désignant l'équivalent calorifique du travail par A :

$$A\omega\,(u' - u).$$

La chaleur consommée par le travail interne est donc :

$$Q - A\omega\,(u' - u).$$

2° Le corps M' est réduit en vapeur saturée ; la chaleur consommée par le travail externe est $Ap'\,(v' - u')$; la chaleur consommée par le travail interne reste :

$$L' - Ap'\,(v' - u').$$

3° Faisons varier, à température constante, le volume de la vapeur, de manière à atteindre la pression p. Le travail intérieur consomme une quantité de chaleur q.

4° La vapeur se condense sous pression constante p ; le corps revient à l'état premier M. La chaleur dégagée est L. La quantité de chaleur qui correspond au travail extérieur est :

$$Ap\,(v - u).$$

La portion qui correspond au travail interne est dès lors :

$$L - Ap\,(v - u).$$

Le cycle est fermé ; écrivons que la variation de chaleur interne est nulle :

$$Q - A\omega(u' - u) + L' - Ap'(v' - u') + q - L + Ap(v - u) = o$$
$$Q = L - L' + [A\omega(u' - u) + Ap'(v' - u') - Ap(v - u)].$$

En négligeant les derniers termes très faibles, en admettant que u et u' diffèrent infiniment peu et que le travail interne est insensible dans la transformation de la vapeur pendant la deuxième opération et enfin que la vapeur suit la loi de Mariotte, on arrive à la relation suffisamment approchée :

$$dQ = L - L'$$

que l'on traduit ainsi :

La chaleur de transformation est égale à la différence des chaleurs d'évaporation.

T étant la température absolue des corps, on a, d'après le théorème de Carnot :

$$L = AT(v - u)\frac{dp}{dT}$$

$$L' = AT(v' - u')\frac{dp'}{dT}$$

Si l'on admet que la vapeur suive la loi de Mariotte : $pv = p'v'$, et, si l'on néglige u et u' on a :

$$Q = ATvp\frac{d}{dT}\log\frac{p}{p'}$$

Appliquons cette formule en prenant les résultats obtenus par MM. Troost et Hautefeuille reproduits plus haut.

A 360°, la tension de vapeur de phosphore ordinaire est $3^{atm},2$; sous l'action prolongée de la chaleur, cette vapeur se transforme partiellement en phosphore rouge et la transformation s'arrête quand la tension a $0^{atm},6$.

A 440°, les mêmes savants ont trouvé :

Tension max. du phosphore ordinaire........	$7^{atm},5$
Tension de transformation.................	1 75

En considérant la tension de transformation comme la tension maxima de vapeur émise par le phosphore dans son deuxième état, nous avons, en nous reportant au problème général :

pour $T = 273 + 360$: $p = 3^{atm},2$; $p' = 0,6$
pour $T = 273 + 440$: $p = 7\ \ ,5$; $p' = 1,75$

MM. Troost et Hautefeuille ont constaté que le poids du litre de vapeur de phosphore, quand la transformation est arrivée à sa limite, est $1^{gr},4$. Le volume spécifique de la vapeur de phosphore rouge serait donc :

$$v' = \frac{1}{1,4}$$

En reportant ces nombres dans la formule générale, M. Moutier a trouvé, pour valeur approchée de la chaleur de transformation du phosphore blanc en phosphore rouge :

$$Q = -17,5.$$

Favre a trouvé expérimentalement que la transformation du phosphore blanc en phosphore rouge dégage de la chaleur ; et M. Hittorf a constaté que la transformation de ce phosphore blanc, liquide à 280°, en phosphore rouge, élève brusquement la température de 280° à 370°, soit de 90°. Si on désigne par C la chaleur spécifique de ce phosphore, on doit avoir :

$$C \times 90 = 17,5 ;$$

d'où l'on tire :

$$C = 0,19,$$

nombre très voisin de celui trouvé expérimentalement par Regnault.

PHOSPHORE ROUGE CRISTALLISÉ

Hittorf[1] a, le premier, obtenu le phosphore rouge à

[1] *Annales de Poggendorf*, t. CXXVI.

l'état cristallisé, en chauffant au rouge un mélange de phosphore ordinaire et de plomb dans un tube de verre peu fusible qu'on scellait après y avoir fait le vide. Afin d'éviter que le tube ne se déformât, il était enfermé lui-même dans un tube de fer, qu'on remplissait ensuite de magnésie et fermait par un bouchon de fer. Hittorf retrouvait après refroidissement des cristaux noirs de phosphore, à la surface du métal ; et l'attaque lente de celui-ci par l'acide nitrique dilué en fournissait également.

MM. Troost et Hautefeuille ont de même obtenu le phosphore rouge cristallisé en opérant la transformation du phosphore rouge à 580°. Les cristaux sont parfois d'un rouge rubis ; ils se sont développés dans le phosphore rouge d'aspect fondu et rappellent les géodes de quartz hyalin dans les agates.

La densité de ce phosphore est 2,34.

DONNÉES THERMIQUES

Ces différences si profondes dans les propriétés des deux variétés principales de phosphore, s'expliquent par la quantité de chaleur énorme que perd le phosphore actif, le phosphore blanc, en se transformant en phosphore rouge. Ce dégagement de chaleur avait frappé Hittorf et, en chauffant à 295° du phosphore dans un matras épais muni d'un thermomètre, il constata que vers 282° la masse brusquement s'échauffe et que la température atteint rapidement 370°.

Favre[1] avait trouvé que la quantité de chaleur dégagée dans cette transformation de phosphore était égale à 911 unités de chaleur par gramme et, faisant remarquer en même temps la faible chaleur spécifique du phosphore, considérait que, si cette énorme quantité de chaleur se déga-

[1] *Journal de pharmacie* (3), t. XXIV.

geait brusquement, elle élevait la température du phosphore d'une manière prodigieuse.

Cette détermination a été reprise par MM. Troost et Hautefeuille, en mesurant la chaleur de combustion des diverses variétés du phosphore rouge qu'ils ont obtenues.

Le dégagement de chaleur qu'on en peut déduire pour la transformation du phosphore blanc en sa variété la seule définie, le phosphore rouge cristallisé, est de 19,200 calories pour 31 grammes.

PRÉPARATION INDUSTRIELLE DU PHOSPHORE ROUGE

C'est par l'action de la chaleur qu'est obtenu industriellement tout le phosphore rouge livré au commerce.

La température à laquelle est effectuée la transformation est relativement basse et nécessite, par conséquent, un temps assez long et une dépense assez grande de combustible; mais l'avantage qu'elle présente sur une transformation à plus haute température est d'être réalisée dans des appareils simples, peu coûteux, et d'offrir moins de danger que si l'on chauffait le phosphore sous pression.

Deux cents kilogrammes de phosphore blanc sont placés dans une marmite de fonte munie d'un couvercle fixé par des vis de pression, et entourée elle-même d'une seconde marmite dont elle est séparée par de la tournure de fer, et qui est chauffée directement par les flammes d'un foyer spécial, permettant une action uniforme de la chaleur. Le couvercle de la marmite porte un tube métallique, plongeant au centre de la masse, et dans lequel on loge un thermomètre. Un orifice permet le dégagement des vapeurs au début.

L'opération dure quinze jours; on chauffe progressivement à 100°, afin de chasser l'eau, puis à 250°, et, enfin, les deux derniers jours, à 280°. La transformation est presque complète. Après refroidissement la masse extraite est broyée sous l'eau au moyen de meules, et, afin d'enlever la petite quantité de phosphore blanc, traitée à chaud par une solution étendue de soude qui est sans action sur le phosphore rouge. Il se dégage de l'hydrogène phosphoré, et la masse est lavée avec soin et séchée.

Nous n'insisterons pas sur les applications du phosphore rouge dont le principal emploi est la fabrication des allumettes dites à phosphore amorphe.

PROPRIÉTÉS PHYSIQUES

Un certain nombre de propriétés du phosphore rouge varient avec la température à laquelle il a pris naissance; mais certains caractères restent communs aux différentes variétés.

Parmi ceux-ci il convient de citer, en premier lieu, l'insolubilité des différents phosphores rouges dans le sulfure de carbone, l'alcool, l'éther, le protochlorure de phosphore. « L'essence de térébenthine et, en général, tous les liquides qui ont un point d'ébullition élevé, en dissolvent une petite quantité. »

Préparé à des températures différentes, le phosphore rouge présente non seulement des aspects différents ; mais, ainsi que l'ont démontré MM. Troost et Hautefeuille, des densités et des chaleurs de combustions différentes aussi ; et, lorsqu'on chauffe à une température fixe, pendant un certain temps, du phosphore rouge préparé à température plus basse, on voit son aspect se modifier avec ses propriétés et atteindre, par une série de nuances insensibles, l'aspect du phosphore préparé à la température la plus élevée. Il convient donc de désigner les variétés du phosphore, soit par leur densité, soit par leur chaleur de combustions, car, ainsi que l'a montré M. Isambert, dans l'action du soufre, les propriétés chimiques varient avec la température de formation, de même que les propriétés physiques. Nous réunissons dans le tableau suivant les propriétés de quelques-unes des variétés de phosphore rouge d'après les résultats obtenus par MM. Troost et Hautefeuille.

Température de formation	Aspect du phosphore rouge	Densité	Chaleur de combustion
265°	Masse rouge, cassure vitreuse......	2.148	5 592 cal
360	Rouge..........................	2.19	5 570
440	Orangé, cassure terne et grenue ...	»	»
500	Gris violacé très vif..............	2.293	»
580	Masse fondue, cassure conchoïde ...	»	5 222
580	Cristallisé, rouge rubis............	2.34	5 272

Le phosphore rouge du commerce, qui est préparé vers 250°, est d'un brun rouge, et sa chaleur de formation est 5840 calories.

Schrœtter avait obtenu, pour la densité à 10° du phosphore rouge qu'il préparait à 226°, le chiffre 1,964.

La chaleur spécifique entre 15° et 98°, déterminée par Regnault [1], sur un échantillon à cassure vitreuse et conchoïde, a été trouvée égale à 0,1698.

PROPRIÉTÉS CHIMIQUES

Les propriétés chimiques du phosphore rouge ne diffèrent guère de celles du phosphore ordinaire que par une moindre énergie. Chauffé dans une atmosphère d'acide carbonique, c'est seulement vers 260° que le phosphore rouge commence à se transformer; c'est seulement aussi à cette température qu'il prend feu dans l'air, et qu'il émet des lueurs dans l'obscurité.

Le chlore attaque le phosphore rouge, mais sans produire de flamme, le phosphore entre seulement en ignition.

Contrairement à ce qu'avait annoncé Schrœtter, M. Per-

[1] *Ann. de Chim. et de Phys.* (3), t. XXXVIII.

sonne [1] n'a pu constater de formation de protochlorure, il ne se forme que du perchlorure de phosphore.

En solution aqueuse, le chlore attaque le phosphore rouge plus rapidement que le phosphore blanc, ce qui peut tenir à son état de division. Il se forme des acides chlorhydrique et phosphorique. Le brome attaque le phosphore rouge avec production de lumière.

L'iode est sans action à froid sur le phosphore rouge; mélangés et chauffés sur un gaz inerte, il y a fusion et combinaison avec dégagement de lumière.

L'oxygène est sans action sur lui, s'il est sec, à la température ordinaire; c'est vers 260° que le phosphore s'enflamme dans ce gaz ou dans l'air.

En présence de l'humidité, cependant, le phosphore rouge est attaqué, d'après Personne, et se mouille d'une solution d'acides phosphoreux et phosphorique. Cette action ne serait pas précédée d'une transformation préalable en phosphore blanc, ainsi que Personne s'en est assuré.

Le soufre est sans action sur le phosphore rouge, à froid. Il ne donne jamais, d'après M. Lemoine, les sulfures jaunes et liquides qui se forment avec le phosphore ordinaire. A 230° (Schrœtter), à 180° (Isambert), à 110°-120° (Lemoine), la réaction se manifesterait avec le phosphore rouge obtenu à basse température, mais avec une moindre énergie qu'avec le phosphore blanc.

Cette réaction s'effectue à des températures variables avec la variété de phosphore rouge employé, et M. Isambert a montré qu'avec le phosphore produit à haute température, la combinaison n'avait lieu qu'à 280° et qu'elle était très pacifique. M. Spring, en comprimant du phosphore rouge mélangé de soufre, à plusieurs milliers d'atmosphères, n'a constaté aucune combinaison.

[1] *Comptes rendus*, t. XXXV; — *Journ. de Pharm.*, t. XXXII.

L'eau, à 170°, en tube scellé, donne avec le phosphore rouge de l'hydrogène phosphoré et un mélange d'acides phosphoreux et hypophosphoreux (A. Gautier).

La potasse en solution aqueuse agit sur le phosphore rouge avec d'autant plus d'énergie que la solution est plus concentrée. Il se dégage de l'hydrogène phosphoré non spontanément inflammable et, dans certaines circonstances, le phosphore prend une teinte noire (Schrœtter).

L'acide sulfurique, même concentré, n'agit pas sur le phosphore amorphe à froid ; à l'ébullition, il se dégage de l'acide sulfureux.

L'acide chlorhydrique est sans action.

L'acide azotique très étendu l'attaque peu ; mais, s'il est concentré, l'attaque est plus rapide qu'avec le phosphore blanc, sans doute à cause de la division qu'il présente.

L'acide chromique, en solution concentrée, même chaude, est sans action sur le phosphore rouge. Mais, broyés à sec, il y a combinaison sans explosion. Si l'on chauffe le mélange des deux corps, il y a explosion.

Le bichromate de potasse est sans action, même lorsqu'il est additionné d'acide sulfurique, ce qui permet de séparer le phosphore rouge du phosphore blanc qui est attaqué dans les mêmes conditions, avec réduction de l'acide chromique.

Mélangé de chlorate de potasse, le phosphore rouge détone sous le choc ; le même mélange chauffé réagit à la fusion du sel.

Sous l'eau, et sous l'influence de l'acide sulfurique, le chlorate de potasse attaque le phosphore rouge, mais sans production de lumière.

Le nitrate de potasse ne l'attaque que lorsqu'il est fondu ; la réaction a lieu sans explosion.

Le peroxyde de manganèse, les oxydes de plomb, d'argent, de cuivre, de mercure chauffés avec le phosphore rouge le brûlent plus ou moins facilement sans détonation.

Le phosphore rouge ne précipite aucun métal de sa dissolution (Schrœtter), sauf cependant le nitrate d'argent qui est réduit (Personne).

Broyé avec le sucre, il n'éprouve aucune altération.

Action physiologique. — Le phosphore rouge n'est pas toxique, ainsi qu'il résulte des travaux de Bussy [1], de Wrij [2], Chevalier et Henri [3], Orfila et Rigout [4], et, indépendamment des avantages industriels qui en résultent, cette propriété est une des plus curieuses manifestations de l'influence de l'arrangement moléculaire et des modifications profondes qui en résultent au point de vue de l'énergie des éléments.

[1] *Journal de Pharmacie*, t. XIX.
[2] *Pharm. Journal and Trans.*, t. X.
[3] *Comptes rendus*, t. XLII.
[4] *Comptes rendus*, t. XLII.

ARSENIC

Les analogies de l'arsenic avec le phosphore devaient attirer l'attention des savants sur les modifications allotropiques que peut présenter le corps. M. Bettendorff [1] a cherché à les obtenir en ayant recours à la chaleur comme Schrœtter l'avait fait pour le phosphore. Mais, s'il a été possible d'obtenir de l'arsenic présentant une densité et des propriétés assez différentes de l'arsenic cristallisé, l'étude de ces modifications est loin d'avoir présenté des résultats aussi nets que celles du phosphore.

En distillant l'arsenic dans un courant d'hydrogène, M. Bettendorff a vu se déposer, dans les portions les plus rapprochées de la partie chauffée du tube dans lequel il opérait, de l'arsenic amorphe, vitreux, miroitant, analogue d'aspect aux anneaux de Marsh, en même temps que, dans les parties plus froides, se condensait une poudre jaune, qui devenait rapidement grise. Ces deux variétés, soumises à l'analyse, se sont présentées comme de l'arsenic pur. Leur densité est à peu de chose près la même, 4,71 à 14° ; l'une et l'autre se transforment quand on les chauffe à 360° brusquement, en arsenic ordinaire de densité 5,72, et le phénomène est accompagné d'un dégagement de chaleur assez considérable pour vaporiser une partie de la matière.

La poudre grise, qu'on ne peut conserver avec sa couleur primitive jaune, est aisément attaquable par l'acide nitrique dilué. La variété noire vitreuse est, au contraire difficilement attaquée par ce composé étendu d'eau, et semble

[1] *Ann. der Chem. und Pharm.*, t. CXLIV, p. 110.

d'une façon générale résister aux agents chimiques plus que l'arsenic cristallisé. L'arsenic vitreux prend surtout naissance quand on refroidit les vapeurs d'arsenic à 220°, et sa préparation réussit mieux dans le vide que dans l'hydrogène.

D'après M. Geuther , il se formerait un nouvel état allotropique d'arsenic, quand on décompose par l'eau un mélange de trois parties de trichlorure de phosphore et deux parties de trichlorure d'arsenic; on obtiendrait dans ces conditions une poudre noire amorphe, offrant une densité de 3,7 à 15°.

L'arsenic que l'on obtient en réduisant l'acide arsénieux par le chlorure stanneux, par l'électrolyse, par l'acide phosphoreux, etc., est amorphe, d'un brun velouté, inaltérable à l'air humide ; il a pour densité 4,6 à 4,7.

Il commence à se sublimer dans le vide à 260°; à 310° il se transforme en arsenic cristallisé qui, dans le vide, ne se sublime qu'au-delà de 360; cet arsenic cristallisé est isomorphe avec le phosphore rouge cristallisé; sa densité est 5,7 (Engel[2]).

MM. Berthelot et Engel[3] ont trouvé, pour les chaleurs dégagées par les deux variétés allotropiques d'arsenic, en formant une même combinaison, des nombres très voisins; l'écart observé même est trop faible pour pouvoir être garanti avec certitude, en raison de la présence difficile à éviter de petites quantités d'acide arsénieux.

« Ces relations sont du même ordre de grandeur que celles qui existent entre les graphites et le diamant, ainsi qu'entre le soufre amorphe et le soufre cristallisé dont la transformation réciproque donne lieu à un phénomène thermique presque nul vers 18°. »

[1] *Lieb. Ann. Chem.*, t. CCXL, p. 208.
[2] *Comptes rendus*, t. XCVI, p. 497.
[3] *Bull. de la Soc. Chim.* (3), t. IV, p. 238.

ANTIMOINE

Gore[1], en soumettant à l'électrolyse une solution acide de chlorure, de bromure ou d'iodure d'antimoine, a obtenu un dépôt d'antimoine auquel il a donné le nom d'antimoine amorphe : il faut employer un courant faible et constant et des solutions fortement acides, et le dépôt ne doit pas être moindre que 5 milligrammes par centimètre carré d'électrode pour une solution d'une partie d'antimoine dans cinq à six parties d'acide de densité 1,12.

L'antimoine amorphe obtenu avec le chlorure est en plaques d'un blanc d'argent qui font explosion par le choc ou le frottement d'un corps dur avec dégagement de chaleur, et parfois aussi de lumière. Mais ce phénomène est accompagné d'un dégagement de vapeurs blanches de chlorure d'antimoine, que l'antimoine amorphe renferme toujours en certaine proportion. On démontre aisément ce fait en faisant détoner dans l'eau à 75° une plaque par le frottement, l'eau se trouble et dépose de l'oxychlorure d'antimoine. Il y a également explosion, quand on porte les plaques à une température voisine de 100° ou qu'on les touche froides avec un fil métallique chauffé au rouge. L'antimoine amorphe maintenu longtemps sous l'eau à une température voisine de sa décomposition, finit par perdre ses propriétés explosives.

[1] *Philosophical Magazine*, 1855.

Avec l'iodure et le bromure, l'antimoine amorphe obtenu ne fait explosion qu'à une température bien plus élevée, 160 avec le bromure, 170 avec l'iodure, et le dégagement de chaleur est moindre que pour l'antimoine résultant de l'électrolyse du chlorure.

Gore a considéré, dans la suite, ces précipités explosifs comme des combinaisons instables de l'antimoine avec les sels qui ont servi à les obtenir.

D'après M. Pfeiffer, l'antimoine amorphe obtenu avec le chlorure renferme 4,8 à 7,9 0/0 de chlorure retenu en partie mécaniquement. Il ne contient pas d'hydrogène occlus, et sa densité varie de 5,65 à 5,9.

Si la solution de chlore est additionnée de chlorhydrate d'ammoniaque, le dépôt n'est jamais explosif (Bertrand)[1].

En distillant l'antimoine dans un courant d'azote, M. Hérard[2] a obtenu l'antimoine sous forme de poussière grise constituée par des parcelles sphéroïdales dont la densité est 6,22 et qui fondent à 614° au lieu de 410.

[1] *Bull. de la Soc. Ch.* (2), t. XXVII, p. 383.
[2] *Comptes rendus*, t. CVII, p. 420.

BORE

Il y a quelques années, on admettait l'existence d'une variété allotropique du bore amorphe, le bore adamantin, découvert par Deville et Wöhler, en réduisant l'anhydride borique au moyen de l'aluminium dans un creuset de charbon.

Les travaux de M. Hampe [1] et plus récemment ceux de M. Joly [2] ont démontré que le carbone et l'aluminium, dont Deville et Wöhler avaient bien constaté la présence dans le bore adamantin, mais qu'ils pensaient n'y exister qu'accidentellement, s'y trouvent au contraire en proportion constante et en sont les éléments essentiels.

Les cristaux obtenus par Deville et Wöhler dans cette réaction peuvent être classés en plusieurs variétés distinctes :

1° Une variété se présentant sous forme de lames noires douées de l'éclat métallique, facilement clivables et qui répondent à la formule d'un borure d'aluminium $AlBo^{12}$ (Hampe) ;

2° Des cristaux, généralement plus abondants que les précédents et qui prennent surtout naissance quand la température a été très élevée : ils sont tantôt jaunes, tantôt grenat, parfois à peine colorés et doués de l'éclat ada-

[1] *Liebig's Annalen der Chemie*, t. CLXXXIII.
[2] *Comptes rendus*, t. XCVII, p. 456 (1883).

mantin et qui répondraient d'une façon constante à un borure d'aluminium et de carbone $C^2Al^3Bo^{48}$ (Hampe);

3° M. Joly a pu séparer également un borure de carbone Bo^6C et des variétés plus riches en carbone;

4° On rencontre aussi des lamelles hexagonales jaunes d'or, de formule $AlBo^2$.

Sans doute l'étude plus approfondie du bore permettra de distinguer, comme pour le carbone, un grand nombre de variétés.

Actuellement, on ne connaît qu'un seul état du bore à l'état de pureté, c'est celui que M. Moissan a obtenu en réduisant l'anhydride borique par le magnésium. Ce bore est amorphe.

SILICIUM

Le silicium se présente sous diverses variétés qu'on pourrait considérer comme des degrés différents de condensation, et qu'on ramène à deux formes principales, le silicium amorphe et le silicium cristallisé. Deville[1] admettait l'existence d'un silicium correspondant au graphite; mais la forme cristalline présentée par cette variété est identique à celle du silicium cristallisé et présente les mêmes angles, ceux d'un octaèdre régulier. Leur dissemblance apparente résulte d'un allongement suivant l'axe ternaire éprouvé par les cristaux du silicium cristallisé, alors qu'un aplatissement suivant le même axe donne au silicium graphitoïde l'aspect de tables hexagonales.

SILICIUM AMORPHE

Suivant le mode employé pour sa préparation, suivant qu'il a été ou non porté à température élevée, le silicium amorphe présente une activité différente dont Berzélius avait été frappé dès sa découverte et ses premiers travaux sur ce corps.

Lorsqu'on réduit le fluosilicate de potasse ou de soude par le potassium ou le sodium en léger excès, la réaction a lieu avec incandescence, et le produit traité par l'eau froide, puis chaude, donne une poudre brun clair, très facilement alté-

[1] *Ann. de Chim. et de Phys.* (3), t. XLIX.

rable, qui séchée s'enflamme aisément à l'air et brûle avec activité. C'est la variété active. Mais, après qu'on l'a chauffée fortement, ses propriétés changent, elle prend une teinte plus foncée, sa densité augmente, elle est devenue presque entièrement inoxydable. Alors qu'avant d'être chauffée elle était attaquée par l'acide fluorhydrique, elle a cessé de l'être et, pour la dissoudre, il faut employer un mélange d'acide fluorhydrique et d'acide azotique. C'est la variété passive.

Cette dernière prend, d'ailleurs, naissance dans le deuxième mode de préparation du silicium, l'action du fluorure de silicium sur le sodium, ce qui s'explique par la température élevée de la réaction. En remplaçant le fluorure par le chlorure de silicium, on obtient plus aisément cette variété (Deville) [1]. Le chlorure de sodium est éliminé par lavages réitérés à l'eau bouillante et le silicium est séché. Il est d'aspect brillant et légèrement micacé.

La combustion incomplète de l'hydrogène silicié, de même que l'action de l'étincelle électrique sur ce corps, fournissent du silicium amorphe.

L'électrolyse d'un mélange fondu de fluorure et de fluosilicate de potassium donne naissance aussi à du silicium amorphe.

Il se dépose également à l'état amorphe quand on fait jaillir l'arc électrique entre deux électrodes de silicium fondu dans une atmosphère d'hydrogène.

SILICIUM CRISTALLISÉ

L'on peut passer du silicium amorphe au silicium graphitoïde par une forte élévation de température. En chauffant ainsi fortement du silicium amorphe dans un creuset, ce corps s'agglomère, augmente de densité et devient beaucoup moins oxydable (Berzélius).

[1] *Ann. de Chim. et de Phys.* (3), t. XLIX, p. 68.

H. Deville [1] l'a obtenu en préparant l'aluminium par l'électrolyse du chlorure double de sodium et d'aluminium au moyen d'électrodes de charbon renfermant de la silice. Les premières portions d'aluminium formées, traitées par l'acide chlorhydrique, abandonnent du silicium en lamelles analogues au graphite.

Wöhler [2] l'a obtenu également en fondant vers 1000°, dans un creuset de terre, de l'aluminium avec vingt fois au moins son poids de fluosilicate de potassium.

L'attaque du culot à l'acide chlorhydrique et à l'acide fluorhydrique laisse apparaître des lames hexagonales de silicium graphitoïde; on obtient la même forme cristallisée en fondant une partie d'aluminium avec cinq parties de verre exempt de plomb et dix parties de cryolithe en poudre.

La forme cristallisée sous forme d'aiguilles s'obtient par plusieurs procédés, mais présente des propriétés identiques à celles de la précédente. H. Deville l'a obtenue en fondant le silicium amorphe au blanc dans un creuset de platine garni intérieurement d'un revêtement de chaux vive.

Mais on a recours plus généralement à la dissolution du silicium dans l'aluminium ou le zinc fondu.

On peut, dans ce but, faire passer un courant lent de chlorure de silicium sur de l'aluminium chauffé au rouge vif dans l'hydrogène sec. Il se forme de belles aiguilles de silicium qui rayent le verre. Ces aiguilles sont formées d'une série d'octaèdres réguliers superposés parallèlement à l'une des faces de l'octaèdre et présentent souvent, par disparition de la face perpendiculaire à l'axe de groupement, une apparence rhomboédrique. Souvent les aiguilles sont hexagonales : elles sont alors terminées sur les côtés par les faces du dodécaèdre rhomboïdal [3].

[1] *Ann. de Chim. et de Phys.* (3), t. XLIII, p. 21.
[2] *Comptes rendus*, t. XLII, p. 21.
[3] Senarmont, *Ann. de Chim. et de Phys.* (3), t. XLVII, p. 169.

La méthode la plus simple pour préparer le silicium cristallisé consiste à projeter dans un creuset chauffé au rouge, un mélange de fluosilicate de potasse sec (quinze parties), de sodium coupé en petits fragments (quatre parties) et de grenaille de zinc distillé (vingt parties) qu'on recouvre de fluosilicate et qu'on porte au rouge vif, en évitant toutefois d'atteindre la volatilisation du zinc.

Le culot est traité par l'acide chlorhydrique pour dissoudre le zinc, et les cristaux de silicium sont mis à bouillir avec de l'acide nitrique, lavés, puis traités par l'acide fluorhydrique.

Malgré ces traitements, le silicium renferme généralement des impuretés, ainsi que l'a constaté M. Friedel en chauffant ce corps dans une atmosphère de chlorure de silicium.

Si, au lieu d'arrêter l'opération, on continue à chauffer pour volatiliser tout le zinc, on obtient du silicium fondu qu'on peut couler comme de la fonte en barreaux brillants (Deville et Caron) [1].

Propriétés des diverses variétés de silicium. — La densité du silicium cristallisé et celle du silicium fondu est la même, elle est supérieure à celle du silicium amorphe, pour lequel on n'a pas fait d'ailleurs de mesure exacte.

La chaleur spécifique différente de la température ordinaire, pour les variétés du silicium, prend une valeur unique à température plus élevée et la chaleur atomique se rapproche du nombre qu'exige la loi de Dulong et Petit.

La chaleur de transformation du silicium amorphe en silicium cristallisé a été déterminée par MM. Troost et Hautefeuille, et trouvée égale à + $8^{cal},8$ (pour 28 gr.).

Ils ont effectué cette détermination en mesurant la chaleur dégagée par les deux variétés de silicium, lorsqu'on les dissout dans un mélange d'acides nitrique et fluorhydrique.

Le silicium amorphe ne conduit pas l'électricité ; le sili-

[1] *Ann. de Chim. et de Phys.* (3), t. LXVII, p. 435.

cium cristallisé est un peu conducteur, mais le devient davantage quand il est aggloméré dans une atmosphère de chlorure de silicium (Friedel). Le silicium fond à la température d'un bon feu de forge.

Nous l'avons vu, le silicium amorphe obtenu par le procédé de Berzélius, et qui n'a pas subi l'influence d'une température élevée, s'oxyde facilement et brûle à l'air à une température peu élevée en dégageant 219 calories. Lorsqu'il a été soumis au contraire à l'action de la chaleur ou qu'il a été préparé à température élevée, le silicium amorphe offre une moindre activité et ne brûle que lorsqu'il est fortement chauffé. Le silicium cristallisé offre une indifférence plus grande encore à se combiner à l'oxygène et est à peine oxydé par ce gaz au rouge blanc. Nous rencontrerons un phénomène analogue pour le carbone sous ses divers états.

L'action des corps oxydants sur le silicium est très faible; le chlorate et l'azotate de potassium ne l'attaquent qu'au rouge blanc. La potasse fondue l'attaque, mais surtout avec le concours de l'oxygène; l'oxydation est favorisée par le dégagement de chaleur dû à la formation du silicate de potassium. En solution aqueuse les alcalis attaquent le silicium amorphe avec dégagement d'hydrogène et le silicium cristallisé n'est attaqué dans ces conditions qu'avec une extrême lenteur. L'azote possède une affinité très marquée pour le silicium ; au rouge, il se forme des azotures.

Il en est de même du carbone. M. Schützenberger, M. Moissan ont obtenu une combinaison définie et cristallisée de carbure de silicium extrêmement dure et inattaquable, et l'on prépare industriellement sous le nom de carborandum, mais indirectement, du carbure de silicium utilisé pour le polissage des pierres dures.

Certains métaux, le fer, le cuivre, le platine, etc., s'unissent au silicium en donnant des siliciures dont quelques-uns ont trouvé application.

L'acide fluorhydrique ne dissout que le silicium amorphe actif; lorsque ce corps a subi l'influence de la chaleur, il devient, comme le silicium cristallisé, inattaquable par tous les acides, sauf par le mélange des acides azotique et fluorhydrique qui dissout toutes les variétés de silicium. L'acide chlorhydrique gazeux réagit sur le silicium vers le rouge sombre, en donnant de l'hydrogène, du tétrachlorure de silicium et un corps hydrogéné, le silicichloroforme, $SiHCl^3$, isolé par MM. Friedel et Ladenburg.

Le chlore, le brome, l'iode se combinent au silicium vers le rouge naissant.

Le fluor s'y combine à froid et la chaleur dégagée est assez grande pour porter le silicium cristallisé à l'incandescence.

L'étude des diverses variétés de silicium est fort peu avancée et, comme pour le bore, tout porte à croire que des recherches nouvelles permettront de distinguer plus nettement un certain nombre de variétés amorphes.

CARBONE

Les états si nombreux sous lesquels se présente le carbone peuvent être considérés comme résultant d'une condensation ou polymérisation d'un élément beaucoup plus simple, le carbone gazeux.

L'existence de ce carbone gazeux paraît fort probable et peut être démontrée non seulement par des considérations d'ordre purement théorique, mais encore par des expériences multiples, dont nous rappellerons seulement les plus probantes.

Tout d'abord, si l'on remarque que les corps composés sont le plus généralement d'une volatilité inférieure à celle des éléments dont ils sont formés, on est frappé, lorsque l'on considère le carbone sous ses formes actuelles de charbon amorphe, de graphite ou de diamant, de trouver des combinaisons du carbone telles que l'oxyde de carbone, le méthane, le cyanogène, sous la forme de gaz si difficilement coercibles. Si l'on veut retrouver entre le carbone et ses composés une relation qui se rapproche quelque peu de celle que présentent, par exemple, l'hydrogène et son oxyde, l'eau, l'azote et son hydrure, le gaz ammoniac, pour lesquels le composé est plus aisément liquéfiable que l'élément, c'est aux composés très condensés eux-mêmes qu'il faut s'adresser, aux carbures d'hydrogène à poids moléculaire très élevé, et dans lesquels le carbone peut lui-même être considéré comme formé par un agrégat d'un nombre considérable d'atomes ; c'est aux dérivés oxygénés du carbone, tels que l'oxyde graphitique, tels que les matières humiques, tels que les hydrates de carbone condensés, la cellulose, etc., qui, comme le charbon lui-même, sont dépourvus de volatilité.

D'ailleurs, le charbon tel qu'il résulte de la carbonisation du sucre ne peut-il, ainsi que l'a fait ressortir M. Berthelot dans ses belles leçons sur l'isomérie, être considéré comme le terme ultime d'une suite de condensations? Le sucre, à mesure que s'élève la température à laquelle il est soumis, perd de l'hydrogène et de l'oxygène, et son poids moléculaire va toujours s'élevant depuis le sucre $C^{12}H^{11}O^{22}$ en passant par l'acide caramélique $C^{36}H^{50}O^{25}$, l'acide caramélinique $C^{48}H^{52}O^{26}$, encore solubles dans l'eau et auxquels succèdent les produits humiques seulement solubles dans les alcalis, et enfin par une suite de condensations, les produits insolubles jusqu'au charbon.

« Ce n'est donc qu'à la fin des décompositions que nous voyons le charbon apparaître comme le terme en quelque sorte le plus élevé de la condensation moléculaire. » (Berthelot [1].) Ce n'est que sous l'influence d'une température extrêmement élevée que ce charbon perd ses dernières portions d'hydrogène pour donner enfin le carbone pur.

« Il est même probable que les divers états du charbon, plus ou moins denses et cohérents suivant la température à laquelle ils ont été portés, répondent à diverses condensations moléculaires. » (Berthelot.)

A ces états condensés du carbone on peut comparer seulement les corps condensés eux-mêmes, tels que l'oxyde graphitique découvert par Brodie dans l'oxydation du graphite et auquel ce savant a attribué la formule $C^{11}H^{4}o^{5}$,

[1] *Sur l'Isomérie.* Leçons professées devant la Société chimique de Paris, 1864.

l'acide carbonique se rapportant, au contraire, au carbone gazeux plus volatil que lui.

Un grand nombre de faits militent d'ailleurs en faveur de l'existence de ce carbone gazeux. La volatilisation du carbone sous l'influence des hautes températures de l'arc électrique avait été depuis longtemps remarquée; elle avait frappé Despretz, et ce savant avait vu le carbone se condenser sur les parois du vase où s'effectuait l'expérience. Jamin et Manœuvrier, en utilisant le courant d'une machine Gramme et en faisant éclater l'arc électrique entre deux pôles de charbon dans le vide, ont pu voir un gaz bleu remplir l'œuf électrique, puis se condenser sur les parois. Les lampes à incandescence présentent d'ailleurs un phénomène analogue.

L'analyse spectrale des composés du carbone, traversés par les étincelles électriques ou soumis à la combustion, est d'accord avec l'existence du carbone gazeux. Enfin, la synthèse de l'acétylène, réalisée par M. Berthelot en faisant éclater l'arc électrique dans une atmosphère d'hydrogène, entre deux électrodes de charbon, l'équilibre surtout qui s'établit entre le carbone, l'hydrogène et l'acétylène dans cette mémorable expérience, semblent les meilleures preuves de l'existence du carbone gazeux.

Cette combinaison directe du carbone à l'hydrogène, qui se fait, ainsi que l'a démontré M. Berthelot, avec une absorption de chaleur considérable, ne saurait s'expliquer en effet que si l'on admet que la puissance développée par l'arc électrique, effectuant ainsi un travail supérieur à l'absorption de chaleur qui a lieu pendant la combinaison, amène le carbone à cet état simple, gazeux, sous lequel seulement il peut se combiner à l'hydrogène, comme le font la plupart des corps simples, c'est-à-dire en dégageant de la chaleur.

D'autre part, l'on sait que, quand un même élément se

combine à un autre, directement et pour former plusieurs combinaisons successives, la quantité de chaleur développée dans la première combinaison est toujours la plus considérable. Le carbone, en se combinant à l'oxygène pour former l'oxyde de carbone CO, puis l'acide carbonique CO^2, n'obéit pas à cette règle. En effet, $C + O = CO$ dégage $25^{cal},8$, tandis que $CO + O = CO^2$ en dégage 68,2. On ne peut donc expliquer cette anomalie qu'en tenant compte du travail nécessité dans la formation de CO pour amener le carbone à l'état allotropique, sous lequel il peut se combiner à l'oxygène ; et l'on peut même calculer approximativement ce travail, en admettant que le carbone gazeux, en se combinant à l'oxygène, ne dégage pas plus de chaleur qu'il n'en dégage pour passer de cette première combinaison oxygénée CO à la seconde CO^2. La différence $68,2 - 25,8 = 42^{cal},4$ représente dès lors la quantité de chaleur absorbée pour produire le changement d'état du carbone.

Le nombre des états allotropiques du carbone est pour ainsi dire infini, de même que les composés auxquels ce corps peut donner naissance, et l'on peut non seulement imaginer toute une série de carbones polymères, mais encore une foule d'arrangements moléculaires variés correspondant aux diverses isoméries des dérivés du carbone.

M. Berthelot a, le premier, tenté d'établir une classification de ces variétés de carbone et, après avoir montré combien les caractères physiques étaient insuffisants à lui servir de base, il s'est reposé sur la nature des produits de l'oxydation à basse température, pour établir dans la multitude de ces variétés trois grandes catégories, savoir :

Les carbones diamants, les graphites et les carbones amorphes.

Pour séparer avec certitude les carbones appartenant à ces trois classes, M. Berthelot a étudié et généralisé une réaction que Brodie avait employée seulement pour l'oxydation de la plombagine : l'action d'un mélange d'acide nitrique fumant et de chlorate de potasse.

Sous l'influence de ce réactif, et plus ou moins rapidement suivant la variété à laquelle on l'applique :

1° Tous les carbones amorphes sont attaqués, oxydés et transformés en produits solubles ou volatils ;

2° Tous les graphites sont oxydés et transformés en oxydes graphitiques, *insolubles*, d'aspect et de propriétés variables avec la variété oxydée ;

3° Le diamant, qu'il soit transparent ou noir, demeure entièrement inattaqué.

On a donc ainsi un moyen, non seulement de caractériser un carbone connu, amorphe, graphite ou diamant, mais encore de séparer ces trois états principaux du carbone.

Il est bon de noter que certaines variétés de carbone amorphe, obtenues à haute température, présentent une grande résistance à ces attaques qui doivent être renouvelées souvent un grand nombre de fois.

Action du fluor. — L'action du fluor sur les diverses variétés de carbone peut, ainsi que l'a montré M. Moissan [1], fournir un moyen très précieux pour différencier celles-ci. Elle permet même de distinguer l'une de l'autre certaines variétés de carbone amorphe. Ainsi, le noir de fumée purifié est attaqué par le fluor à la température ordinaire, avec incandescence.

Le charbon de bois, lorsqu'il n'y a pas de poussières à sa surface, ne devient incandescent que si on le porte à 50° ou 60° ; une fois commencée, la réaction continue d'elle-même.

Le charbon de cornue doit être porté au rouge, ce qu'on peut attribuer à sa conductibilité plus grande.

Parmi les graphites, celui de la fonte doit être maintenu

[1] *Nouvelles Recherches sur le fluor : Ann. de Chim. et de Phys.* ; — *Comptes rendus*, t. CX, p. 276.

au voisinage du rouge sombre, pour que l'action du fluor le porte à l'incandescence.

Le graphite de Ceylan exige une température un peu supérieure au précédent.

Enfin, le diamant, même lorsqu'il est maintenu au rouge, n'est pas attaqué par le fluor.

Chaleurs spécifiques des variétés de carbone. — Suivant l'état allotropique présenté par le carbone, sa chaleur spécifique est fort différente et ne s'accorde pas avec la loi de Dulong et Petit, du moins aux températures peu élevées. Si l'on multiplie par 12, poids atomique du carbone, les chiffres trouvés par Regnault pour quelques variétés, on arrive aux résultats suivants :

Diamant	1,76
Graphite naturel	2,4
Charbon de cornues	2,4
Noir animal purifié	3,13
Charbon de bois	2,9

Ces nombres, très différents entre eux, diffèrent également de ceux que fournissent un grand nombre de corps solides, et qui est 6,6.

On voit que, pour ramener le carbone à la loi commune, il faudrait attribuer au carbone du noir animal le poids atomique 24, prendre de même 36 pour le graphite et 48 pour le diamant.

Mais, si, au lieu d'opérer aux basses températures, pour mesurer la chaleur spécifique de ces espèces de carbone, on atteint le rouge vif, ces anomalies disparaissent et vers 1 000° les chaleurs atomiques du graphite et du diamant deviennent normales et voisines de 6.

Weber[1] a montré, en effet, que la chaleur spécifique du carbone varie d'une façon considérable avec la température jusqu'au voisinage de 600°, mais qu'à des températures supérieures elle devient sensiblement constante.

[1] *Pogg. Ann.*, 1876.

Il montra aussi que le graphite, dont la chaleur spécifique au-dessous de 600° est beaucoup plus grande que celle du diamant, ne présente plus sous ce rapport aucune différence avec ce dernier à partir du rouge vif et qu'il en était de même des variétés de carbone amorphe.

Il en conclut que le carbone n'offre que deux variétés, le carbone transparent et le carbone opaque, et qu'au rouge vif, température à laquelle disparaissent leurs différences optiques, disparaissent aussi leurs divergences thermiques.

CHALEUR DE COMBUSTION DU CARBONE SOUS SES TROIS ÉTATS. — Favre et Silbermann avaient mesuré les chaleurs de combustion du diamant, du graphite et du carbone amorphe; mais cette mesure a été reprise par MM. Berthelot et Petit[1] avec plus de précision, et voici les chiffres auxquels ils sont arrivés avec le charbon de bois, le graphite purifié et le diamant.

Carbone amorphe (bois)	97,65
Graphite (de fonte)	94,81
Diamant (du Cap)	94,31

L'écart est surtout considérable pour le carbone amorphe, $3^{cal},24$ ou 3/100; il n'est que de 1/200 pour le graphite. Ces écarts représentent les chaleurs qui se dégageraient si l'on ramenait ces deux variétés à l'état de diamant.

CARBONES AMORPHES

Il faut éviter une confusion entre les variétés de charbon et les variétés de carbone amorphe. Le mot charbon s'applique aux espèces combustibles, qui sont, pour la plupart, des carbones impurs et renferment des hydrocarbures très condensés, des gaz, souvent de l'azote, du soufre et des produits minéraux fixes. Le nom de carbone est réservé aux diverses variétés de ce corps, d'une pureté complète et qui

[1] *Bull. Soc. Ch.* (3), t. II, p. 90.

ne diffèrent que par des arrangements ou des condensations moléculaires et dont seuls nous aurons à nous occuper ici.

L'étude de ces variétés amorphes est encore à son début, ce qui explique l'extrême difficulté qu'on rencontre à les différencier les uns des autres.

On doit remarquer, d'autre part, que les espèces amorphes, suivant les conditions de leur formation, peuvent renfermer de petites quantités de graphite dont on ne peut guère les purifier que par leur différence de densité.

M. Berthelot a étudié un certain nombre de variétés naturelles et artificielles.

Le charbon de bois purifié par le chlore au rouge, le coke, le charbon métallique, qui se produit lorsqu'on décompose les vapeurs des hydrocarbures par la chaleur dans un tube de porcelaine, le charbon de cornue, divers anthracites, le noir animal purifié, ne renferment que du carbone amorphe entièrement soluble, avec plus ou moins de difficulté dans le mélange oxydant. Sous l'influence de la chaleur, du chlore, de l'iode, ces carbones ne se transforment pas en graphite, mais, ainsi que l'a constaté M. Berthelot pour le charbon de cornues (employé comme électrodes) et pour d'autres espèces de charbon, l'action de l'arc électrique transforme le carbone amorphe en graphite.

L'oxydation directe agit aussi par la température élevée qu'elle peut produire, et un crayon de charbon de cornues brûlant dans un jet d'oxygène se transforme partiellement en graphite; il en est de même de certains cokes. Les combustions incomplètes agissent d'une façon analogue, et le noir de fumée renferme généralement une petite quantité de graphite.

M. Berthelot a étudié la formation du carbone dans la décomposition de divers composés carbonés et par différents agents. Il se forme uniquement du carbone amorphe dans la destruction par la chaleur des hydrocarbures, à quelque série qu'ils appartiennent.

Il en est de même du charbon qui prend naissance à basse température lorsqu'on chauffe le protochlorure d'acétylène en tube scellé, ou de même la benzine, la naphtaline et divers autres carbures à 280° avec l'acide iodhydrique, en quantité insuffisante pour hydrogéner le carbone. Ce carbone, à l'oxydation, donne un composé jaune brun émulsionnable, que l'addition d'un sel précipite aisément et qui paraît se rapprocher déjà des oxydes graphitiques.

Le cyanogène donne du carbone amorphe. Le carbone qu'on peut extraire de la fonte de manganèse est également du carbone amorphe.

On obtient, au contraire, un mélange de carbone amorphe et de graphite dans les oxydations incomplètes, dans la destruction des iodures, chlorures carbonés ou hydrocarbonés. du sulfure de carbone, de l'acide carbonique et du carbure de fer.

Le carbure de bore, au contraire, traité par le chlore, ne laisse que du graphite.

Voici quelques caractères des carbones amorphes les plus connus.

Carbone du charbon de bois. — Le charbon de bois purifié, calciné fortement dans un courant de chlore, est entièrement soluble dans le mélange oxydant : il est, d'autre part, oxydé par l'acide iodique anhydre en tube scellé à 160°, avec formation d'acide carbonique et d'iode, ainsi que l'a montré M. Ditte.

L'acide chromique l'attaque à froid en le transformant en acide oxalique (Berthelot) [1].

Le permanganate de potassium en solution alcaline l'oxyde également; il se forme de l'acide oxalique, mais, en

[1] *Comptes rendus*, t. LXX, p. 259.

même temps, de l'acide mellique et d'autres corps non étudiés (Schulze)[1]. Il jouit d'un grand pouvoir absorbant pour les gaz et les vapeurs.

Charbon de sucre. — Le sucre, calciné fortement donne un charbon qui, purifié par traitement au chlore, est peu combustible et difficilement attaquable par les réactifs oxydants.

Carbone du noir animal. — Le noir animal, purifié par lavages à l'acide chlorhydrique bouillant, et calciné, est entièrement soluble dans le mélange oxydant.

Le charbon de cornue est attaqué à 180° par l'acide iodique (Ditte).

GRAPHITES

Le graphite se présente, comme le carbone amorphe, sous de nombreuses variétés. Il existe tout formé dans la nature, où on le rencontre dans les terrains de cristallisation. Il se trouve aussi dans certaines météorites, ainsi que l'ont constaté MM. Berthelot, Friedel et Moissan; on peut l'obtenir artificiellement dans un certain nombre d'opérations.

Il est plus ou moins nettement cristallisé, tantôt sous forme de rhomboèdres, tantôt en petites tables hexagonales souvent striées.

Brodie, en attaquant le graphite naturel, la plombagine, par un mélange de chlorate de potasse et d'acide nitrique, a obtenu un dérivé insoluble dans tous les dissolvants, renfermant de l'oxygène et de l'hydrogène, auquel il a donné le nom d'acide graphitique en lui attribuant la constitution

$$C^{11}H^4O^5.$$

Ainsi que l'a proposé M. Berthelot, on donne le nom de graphite à toutes les variétés de carbone qui fournissent à

[1] *Deutsch. Chem.*, 1871, p. 802.

l'oxydation au moyen du mélange azotochlorique un oxyde graphitique.

Mais, ainsi que l'a montré ce savant, les oxydes graphitiques diffèrent de propriétés et de composition suivant la variété de graphite dont ils dérivent.

Chauffés, ces oxydes graphitiques se décomposent en déflagrant, donnant un oxyde pyrographitique presque entièrement soluble dans le réactif oxydant; en même temps ils laissent dégager de l'eau, de l'acide carbonique et de l'oxyde de carbone. Soumis à l'action de l'acide iodhydrique à 280° en tube scellé, ils se transforment en un oxyde hydrographitique dont on peut régénérer, sous l'influence du mélange oxydant, l'oxyde graphitique avec toutes ses propriétés.

Ces oxydes, ainsi qu'il résulte des recherches de MM. Berthelot et Petit, présentent une composition variable avec le graphite dont ils dérivent.

M. Luzzi [1] a constaté que certaines variétés de graphites naturels, imbibés d'une petite quantité d'acide azotique monohydraté et calcinés ensuite, ont la propriété de foisonner. Il a proposé de s'appuyer sur ce phénomène pour établir une distinction entre les diverses espèces de graphites, ne donnant ce nom qu'aux variétés qui foisonnent, et nommant graphitites, celles qui résistent ainsi à l'action de l'acide nitrique.

D'après cela le graphite de la fonte, le graphite électrique, seraient des graphitites.

Graphites naturels. — Le graphite existe dans les terrains de cristallisation, rarement cristallisé, sous forme de rhomboèdres ou en petites tables hexagonales minces, quelquefois monocliniques. Il est souvent en amas compacts et porte le nom de plombagine.

[1] *D. Ch. G.*, t. XXIV et XXV.

Il renferme souvent de la silice, du fer, de la magnésie, de la chaux.

On le purifie soit par fusion avec la potasse et traitement l'acide fluorhydrique (Stingl), soit en le chauffant avec du soufre et de la soude et le lavant à l'eau, à l'acide chlorhydrique, à l'eau régale et à l'acide fluorhydrique, soit en le chauffant dans un courant de chlore au rouge blanc.

La plombagine brûle très difficilement. L'azotate de potasse brûle certains graphites naturels. L'acide iodique anhydre, ainsi que l'a indiqué M. Ditte[1], chauffé à 240° en tube scellé avec le graphite pulvérisé, le détruit en donnant de l'iode et de l'acide carbonique.

Le permanganate de potasse, en solution alcaline, le transforme en acide oxalique (Schulze).

Oxydes graphitiques. — L'action du mélange oxydant (chlorate de potasse et acide nitrique fumant) a été étudiée par Brodie, par M. Berthelot et par MM. Berthelot et Petit.

Il se forme un oxyde graphitique qui se présente à l'état humide sous forme de paillettes micacées, d'un jaune pâle, qu'on ne peut dessécher sans les agglomérer en plaques brunes tenaces. Chauffé vers 250° cet oxyde déflagre en dégageant de la vapeur d'eau et un mélange de trois parties d'acide carbonique et deux parties d'oxyde de carbone.

Il reste une poudre noire légère, l'oxyde pyrographitique, qui se dissout presque entièrement par le mélange oxydant.

L'oxyde graphitique, chauffé en tube scellé à 280° avec l'acide iodhydrique, donne un oxyde hydrographitique brun, cohérent, insoluble dans tous les dissolvants, ne déflagrant pas par la chaleur, et qui, oxydé par le mélange azotochlorique, reproduit l'oxyde graphitique dont il dérive avec toutes ses propriétés (Berthelot).

Certaines variétés de graphite naturel, chauffées en pré-

[1] *Bull. de la Soc. Chim.*, t. XIII.

sence d'acide sulfurique ou d'un mélange d'acide sulfurique et de chlorate de potassium, prennent la curieuse propriété de foisonner quand on les chauffe ensuite au rouge sombre (Schaffäult, Marchand et Brodie). Imbibés d'une petite quantité d'acide nitrique fumant, ces graphites naturels, soumis ensuite à la calcination, se gonflent et fournissent de petites productions vermiformes ou dendritiques (Luzzi)[1].

M. Moissan[2] a rencontré dans la terre bleue du cap de Bonne-Espérance une variété de ces graphites foisonnants.

Graphites artificiels. — *Graphite de la fonte.* — Le fer en fusion dissout le carbone et, en repassant à l'état solide, abandonne une partie de ce carbone à l'état de graphite qui se sépare en une abondante cristallisation, en même temps qu'une portion reste combinée au fer qui passe à l'état de fonte.

M. Moissan[3], en opérant à des températures comprises entre 1,100° et 3,000° dans son four électrique, a constaté que, saturé de carbone vers 1,200°, le fer abandonne, par refroidissement lent, un mélange de carbone amorphe et de graphite, mais que, porté à 3 000°, il fournit exclusivement du graphite en très beaux cristaux. « Entre 1,100 et 3,000° la fonte liquide se conduit comme une solution qui dissout de plus en plus de carbone au fur et à mesure que la température s'élève. »

M. Berthelot[4] a étudié les produits de l'oxydation du graphite de la fonte par le mélange oxydant.

Oxydes graphitiques. — L'oxyde graphitique fourni par cette variété est différent de l'oxyde graphitique de la plombagine : il se présente en écailles d'un jaune verdâtre, qui ne s'agglomèrent pas par la dessiccation et conservent leur teinte.

[1] *D. Ch. G.*, t. XXIV et XXV.
[2] *Comptes rendus*, t. CXVI, p. 609.
[3] *Comptes rendus*, t. CXVI.
[4] *Ann. de Chim. et de Phys.* (4), t. XIX.

Il déflagre plus vivement que celui du graphite naturel quand on le chauffe, en dégageant de la vapeur d'eau, de l'acide carbonique et de l'oxyde de carbone; mais le rapport de ces deux gaz, au lieu d'être 3/2, est 2/3. L'oxyde pyrographitique, qui en résulte, est noir, il est entièrement soluble dans le mélange oxydant.

L'oxyde hydrographitique est brun, mais diffère de celui de la plombagine en ce qu'il déflagre; oxydé, il régénère l'oxyde graphitique en écailles verdâtres avec toutes ses propriétés.

Imbibé d'une petite quantité d'acide nitrique, puis chauffé, ce graphite ne foisonne pas; il rentre donc dans la catégorie des graphitites de M. Luzzi.

Toutefois, en refroidissant brusquement dans l'eau la fonte en fusion, M. Moissan[1] a constaté qu'il se formait à une petite profondeur du graphite foisonnant ou graphite, celui qui se trouve à la surface étant un graphitite.

Graphite électrique. — M. Berthelot a montré que le carbone amorphe soumis à l'action de l'arc électrique se transforme en graphite et que les produits de l'oxydation de ce graphite sont différents de ceux de la plombagine et du graphite de fonte.

L'oxyde graphitique, qui prend naissance par l'action du mélange oxydant, offre l'aspect d'une poudre marron, qui ne s'agglomère pas par la dessiccation; chauffé, il déflagre. L'oxyde pyrographitique, qu'on obtient ainsi, est une poussière pesante, qui disparaît presque complètement sous l'influence du mélange oxydant. L'oxyde hydrographitique ne déflagre pas; oxydé, il régénère l'oxyde graphitique marron pulvérulent.

Cette variété de graphite ne foisonne pas non plus sous l'influence de l'acide azotique.

[1] *Loc. cit.*

[2] *Comptes rendus*, t. CXVI.

L'analyse de ces divers oxydes graphitiques et pyrographitiques, effectuée par MM. Berthelot et Petit [1], montre que, si l'on rapporte les oxydes à une même dose de carbone, la dose d'oxygène va en croissant régulièrement dans l'ordre suivant : oxyde de la fonte, oxyde de la plombagine, oxyde du graphite électrique ; si on les rapporte au contraire, à la même dose d'oxygène, on peut considérer ces divers graphites comme des radicaux représentant des condensations croissantes de carbone et persistant dans leurs combinaisons.

Les déterminations des chaleurs de combustion [2] de ces divers oxydes graphitiques et pyrographitiques conduisent aux conclusions suivantes :

Les chaleurs de formation des trois oxydes graphitiques, rapportées à un même poids de carbone, sont représentées par des nombres très voisins, malgré les différences considérables des doses d'oxygène qu'ils renferment.

« Cette similitude dans la chaleur dégagée par des oxydations aussi inégales caractérise profondément la spécialité des divers radicaux graphites et celle des oxydes qui en dérivent. »

Les chaleurs de formation des oxydes pyrographitiques sont beaucoup plus faibles que celles des oxydes. « Ce qui signifie que l'oxyde de carbone et l'acide carbonique, formés au moment de la déflagration, n'ont pas dégagé l'intégralité de leur chaleur, mais qu'ils ont laissé une certaine réserve d'énergie dans le composé condensé et complémentaire, conformément à ce qui se passe dans un grand nombre de réactions pyrogénées. » (Berthelot et Petit.) Au moment de cette déflagration, la chaleur dégagée est de $156^{cal},5$ par gramme d'oxyde graphitique, ce qui permet d'évaluer approximativement à 600° la température à laquelle se trouve portée la masse décomposée. Ce chiffre s'accorde

[1] Berthelot et Petit, *Bull. Soc. Chim.* (3), t. III, p. 336.
[2] Berthelot et Petit, *Bull. Soc. Chim.* (3), t. III, p. 340.

bien avec l'incandescence partielle qu'on peut constater au moment de la déflagration.

Graphite foisonnant artificiel. — Ainsi que nous venons de le dire, les graphites artificiels, graphite de la fonte, graphite électrique, se rangent dans la classe des graphitites ; seules un certain nombre de variétés naturelles foisonnent après avoir été imbibées par un peu d'acide nitrique fumant : M. Moissan [1] a pu reproduire artificiellement une variété de graphite foisonnant, d'abord mélangé de graphite, par refroidissement brusque de la fonte, et ensuite à l'état de pureté en saturant de carbone une masse de platine fondue dans son four électrique et laissant refroidir le culot dans le creuset de charbon.

En dissolvant le platine dans l'eau régale on obtient un graphite en hexagones gris ardoise présentant une densité qui varie de 2,06 à 2,08 et qui brûle dans l'oxygène à 575°.

Traité par l'acide azotique et porté au rouge sombre, ce graphite foisonne abondamment à la façon du sulfocyanure de mercure. La masse légère ainsi produite est formée de graphite ; traitée par le mélange oxydant, elle donne des écailles verdâtres d'oxyde graphitique.

Le nitrate de potasse ne l'attaque qu'au-dessus de sa température de fusion. L'acide chromique, l'acide sulfurique sont sans action sur lui ; l'acide iodique, au contraire, de même que le carbonate de potasse, le détruisent avec rapidité.

M. Moissan, recherchant les causes de ce foisonnement, a constaté qu'il était accompagné d'un dégagement d'acide carbonique et de vapeurs nitreuses et que, si on renouvelait l'action de l'acide nitrique et de la chaleur, ce phénomène n'avait plus lieu.

Il attribue d'après cela le foisonnement à un brusque départ gazeux, dû peut-être à l'attaque au rouge sombre

[1] *Comptes rendus*, t. CXVI.

d'une petite quantité de carbone amorphe enfermé entre les lames hexagonales, ou, comme l'a pensé M. Berthelot, à la décomposition pyrogénée d'une petite quantité d'oxyde graphitique produit sous l'influence de l'acide nitrique, par une trace de graphite amorphe mélangé au graphite cristallisé et plus aisément attaquable que lui.

Carbone du cyanogène. — En faisant passer au rouge cerise un courant de cyanogène dans un tube renfermant, dans une nacelle, un fragment d'aluminium saupoudré de cryolithe, MM. P. et L. Schützenberger[1] ont obtenu un charbon filamenteux prenant par le frottement l'aspect graphiteux.

Ce charbon, traité à froid par le mélange azotochlorique, donne un produit d'oxydation insoluble, dont la formule $C^{11}H^6O^6$ diffère de celle de l'acide graphitique de Brodie, $C^{11}H^4O^5$, et qui déflagre par la chaleur. Ce carbone ne se rapprocherait que par certaines propriétés du graphite électrique.

Autres modes de formation du graphite. — L'oxyde de carbone, en réagissant sur le sesquioxyde de fer, donne un charbon volumineux, amorphe (Stammer, Gruner), qui, d'après M. Berthelot[2], se comporte comme le carbone de la fonte à l'oxydation du mélange azotochlorique et laisse un petit résidu d'oxyde graphitique.

Dans la fabrication de la soude au moyen des eaux mères du procédé Leblanc, ces liqueurs évaporées et calcinées donnent naissance à un graphite divisé dont on attribuait la formation à la décomposition de dérivés cyanés (Stingl).

Il paraît prouvé que le carbone provient simplement de l'attaque de la fonte des chaudières dans lesquelles on opérait, car le phénomène n'a pas lieu si l'on emploie des bassines d'argent.

[1] *Bull. Soc. Chim.* (3), t. V, p. 669.
[2] *Comptes rendus*, t. LXXIII, p. 494.

M. Berthelot[1] a pu déceler la présence du graphite dans un grand nombre de réactions :

L'oxydation du charbon de cornue dans un courant rapide d'oxygène;

L'action de l'arc électrique sur le carbone amorphe;

L'action de l'étincelle sur les gaz carbonés;

La décomposition des dérivés chlorés, iodés, oxygénés ou sulfurés du carbone ou des hydrocarbures.

DIAMANTS

Newton, se basant sur les propriétés optiques du diamant annonça, le premier, qu'il devait être combustible. Plusieurs savants, vers la fin du XVIIe siècle, constatèrent sa disparition lorsqu'on le chauffe au foyer d'un miroir ardent et, un siècle après, Darcet et Rouelle remarquèrent que cette disparition n'avait pas lieu en dehors de l'action de l'air.

Mais c'est Lavoisier qui montra, en brûlant le diamant dans un espace clos, au moyen des rayons solaires concentrés par une lentille, que ce corps se comporte et brûle comme le charbon ordinaire. H. Davy répéta cette expérience dans l'oxygène pur, en mesurant les volumes de gaz carbonique produit et montrant l'identité de celui-ci avec l'acide carbonique des carbonates.

Il démontra en même temps que le corps ne renferme pas d'hydrogène, mettant ainsi en évidence la nature simple du diamant.

Le diamant se rencontre dans la nature, dans les terrains d'alluvions qui proviennent de la destruction des roches anciennes. Il existe dans certaines météorites (Moissan, Friedel).

Il est tantôt transparent et sa forme cristalline dérive du cube (octaèdre, trioctaèdre, hexoctaèdre, dodécaèdre rhom-

[1] *Ann. de Chim. et de Phys.* (4), t. XIX.

boïdal). Il se laisse alors cliver facilement, parallèlement aux faces de l'octaèdre régulier. Il présente assez communément des macles et hémitropies et souvent des saillies ou des impressions affectant la forme d'un triangle équilatéral et présentées par les faces A.

Il est sans action sur la lumière polarisée; par son grand pouvoir dispersif, il donne lieu à des jeux de lumière particuliers, et la petitesse de son angle limite, voisin de 24°, explique l'éclat remarquable qu'il prend lorsqu'on l'observe sous une incidence oblique. C'est le plus dur de tous les corps connus. Sa densité varie légèrement suivant son origine, mais reste voisine de 3,52; il devient phosphorescent par insolation ou par illumination électrique dans les gaz très raréfiés (Crookes).

Il est quelquefois noir et prend le nom de carbonado, et sa densité est notablement plus faible et varie de 3,012 à 3,41.

Propriétés. — Les propriétés du diamant ont été surtout étudiées par M. Moissan[1].

L'action de l'oxygène, observée déjà par plusieurs expérimentateurs, par Lavoisier, par Dumas[2], a été reprise avec beaucoup de soin par M. Moissan sur diverses espèces de diamants blanc ou noir et en notant les températures de combustion de chacune d'elles.

M. Moissan a ainsi constaté des différences très notables.

Les carbonados brûlent à des températures notablement inférieures aux diamants transparents : 690° (carbonado de couleur ocreuse), 710-720° (carbonado noir).

Les diamants blancs présentent entre eux des écarts sensibles, et les variétés très dures désignées sous le nom de boort sont particulièrement difficiles à brûler.

[1] *Comptes rendus*, t. CXVI.
[2] *Ann. de Chim. et de Phys.* (3), t. I, p. 5.

Diamant du Brésil..................	760°-770°
Diamant du Cap....................	789°-790°
Boort très dur.....................	800°-875°

L'action de l'hydrogène, même à 1 200°, n'amène pas de variations de poids. Le chlore sec, l'acide fluorhydrique anhydre, même vers 1 200°, sont sans action ; il en est de même du fluor au rouge.

L'action du soufre rappelle celle de l'oxygène ; le diamant noir donne du sulfure de carbone vers 900° ; le diamant blanc, seulement vers 1 000°.

La vapeur de sodium n'agit pas à 600°. Le fer à son point de fusion se combine avec énergie au diamant en donnant de la fonte qui, par refroidissement, laisse déposer du graphite. Le platine en fusion s'y combine également.

Le bisulfate de potasse, les sulfates alcalins en fusion, le sulfate de chaux à 1 000°, n'ont pas d'action sur le diamant.

Enfin, M. Moissan a observé une réaction très intéressante exercée par les carbonates alcalins sur le diamant. Ces composés, maintenus en fusion à température élevée, attaquent le diamant en donnant de l'oxyde de carbone, et cette action a permis à M. Moissan de démontrer d'une manière très élégante que le diamant ne contient pas d'hydrogène.

Une nacelle de platine renfermant le diamant mélangé de carbonate alcalin était chauffée dans un tube de porcelaine vernissé intérieurement et extérieurement, et on avait pris soin d'emplir le tube d'acide carbonique et d'y faire le vide à la pompe à mercure. En portant ensuite le tube de porcelaine de 1 100° ou 1 200°, les produits gazeux étaient recueillis et analysés : ils ne contenaient pas d'hydrogène ni d'hydrocarbures.

M. Berthelot [1] a montré que le diamant résiste à l'action

[1] *Ann. de Chim. et de Phys.* (4), t. XIX.

du mélange oxydant et peut être ainsi séparé du carbone amorphe et du graphite.

L'acide iodique est sans action également sur le diamant (Ditte).

Le chlorate de potassium en fusion est sans action sur le diamant blanc, ainsi que le nitrate de potassium, alors que le carbonado est attaqué dans ces conditions (Damour).

DIAMANTS ARTIFICIELS

La reproduction du diamant a bien souvent été tentée et il convient de citer les essais de Despretz, Marsden, Hannay. Mais c'est seulement en 1893, à la suite de longues et habiles recherches, que M. Moissan, guidé par ses études analytiques sur la terre bleue du Cap et sur la météorite de Cañon Diablo, a pu réaliser la formation artificielle de cette variété de carbone, ainsi que celle d'une série de carbones denses qu'on peut considérer comme résultant de condensations moléculaires successives dont le terme ultime serait le diamant cristallisé et qui accompagnaient celui-ci.

M. Moissan [1], après avoir étudié la solubilité du carbone dans un certain nombre de métaux, tels que le magnésium, l'aluminium, le fer, le manganèse, le chrome, l'uranium, l'argent et le platine et, enfin, dans le silicium, et après avoir constaté qu'il ne se forme dans les conditions ordinaires de pression que des graphites plus ou moins variés, réussit à faire cristalliser le carbone dans le fer et dans l'argent, en opérant sous de fortes pressions.

Pour obtenir ces pressions à une température où aucun métal n'eût résisté, M. Moissan eut l'idée de recourir à la propriété que possèdent le fer et l'argent d'augmenter de volume en passant de l'état liquide à l'état solide.

Ayant fondu au four électrique une masse importante de

[1] *Comptes rendus*, t. CXVI, p. 218.

fer doux, dans un creuset de charbon, il introduisit dans le métal liquide un cylindre de fer dans lequel on avait comprimé une petite quantité de charbon de sucre. Le creuset et son contenu furent alors plongés dans l'eau, afin de solidifier la partie externe de la masse de fer, puis le culot fut abandonné au refroidissement lent. Dans ces conditions, le fer, demeuré liquide à l'intérieur, et tenant en dissolution le carbone, fut soumis, au fur et à mesure de sa solidification, à des pressions de plus en plus considérables, par suite de son augmentation propre de volume, et le carbone, au lieu de se transformer en graphite, cristallisa sous forme de carbonado et sous forme de diamants transparents.

La combustion de ces diamants, leur densité, leurs stries et leurs impressions triangulaires si caractéristiques de cette variété de carbone ne laissèrent aucun doute sur leur véritable nature et la reproduction artificielle des carbones cristallisés est un fait désormais acquis à la science.

La même opération renouvelée avec l'argent fournit un rendement supérieur en carbonado sans fournir de diamants. Mais les diamants noirs, que M. Moissan a obtenus dans cette expérience et dont les densités varient de 2,5 à 3,5, présentent un grand intérêt théorique et montrent que c'est par une suite ininterrompue de condensations moléculaires que l'on parvient des carbones amorphes et, l'on pourrait dire du carbone gazeux, jusqu'au polymère le plus condensé, le diamant.

La séparation de ces diamants très petits, et souvent en quantité très minime, toujours noyés dans une masse énorme de fer, de graphite et de carbone denses, est extrêmement délicate. Voici comment opérait M. Moissan :

Le culot est attaqué par l'acide chlorhydrique jusqu'à dissolution complète du fer; il reste trois espèces de charbon : du graphite, un charbon de couleur marron en lanières minces contournées, paraissant conserver l'empreinte d'une forte pression et analogue à une espèce trouvée par M. Moissan dans la météorite de Cañon Diablo, enfin une petite quantité de carbones denses.

Pour séparer ces variétés, on fait subir au mélange des attaques réitérées à l'eau régale, puis des traitements alternés à l'acide sulfurique bouillant et à l'acide fluorhydrique. Le résidu délayé dans l'acide sulfurique bouilli froid laisse à la surface les carbones légers ; la partie dense ne renferme que très peu de graphite, et diverses variétés de carbones lourds. Elle est soumise à l'action du chlorate de potassium et de l'acide nitrique fumant. Ce traitement répété six ou huit fois est suivi d'une attaque à l'acide fluorhydrique et, après décantation, d'un nouveau traitement à l'acide sulfurique bouillant pour détruire les fluorures formés.

Le résidu lavé est séché et soumis à la séparation physique au moyen du bromoforme, du bromal et de l'iodure de méthylène, et l'on sépare quelques fragments très petits, plus denses que ce liquide, qui rayent le rubis et disparaissent quand on les chauffe vers 1 000° dans l'oxygène.

Ces fragments denses sont de deux sortes : les uns sont noirs, d'aspect chagriné et ressemblent aux carbonados ; leur densité est comprise entre 3 et 3,5 ; les autres sont transparents et semblent résulter de la rupture de fragments plus gros ; ils possèdent des stries parallèles et parfois des impressions triangulaires. Ils sont souvent entourés d'une gaine de charbon noir et n'apparaissent transparents, généralement, qu'après plusieurs attaques au chlorate de potassium.

Ces petits diamants ont été soumis à 1 050° à l'action de l'oxygène dans une nacelle de platine de forme spéciale et avec des soins tout particuliers. Ils ont brûlé et à leur place on n'a plus trouvé qu'une petite quantité de cendres identiques à celle qui demeure après la combustion des diamants naturels.

Le traitement des culots d'argent, après qu'on a dissous l'argent dans l'acide azotique, est identique à celui des culots de fer. Nous avons dit déjà qu'avec ce métal M. Moissan n'avait pas constaté la formation de diamants transparents, mais le rendement en carbonado est plus satisfaisant et l'on obtient une série de carbones denses dont le poids spécifique varie de 2,5 à 3,5.

M. Moissan a pu isoler une quantité suffisante de ces diamants noirs pour en effectuer la combustion dans l'oxygène et peser l'acide carbonique : 6 milligrammes ont ainsi fourni 23 milligrammes d'acide carbonique, nombre très voisin du chiffre théorique pour le carbone pur.

Enfin, tout récemment, M. Moissan, en refroidissant, dans un bain de plomb fondu, les culots de fonte portés à 3 000° au four électrique, a obtenu de meilleurs rendements, et a pu séparer 15 milligrammes de diamant qui ont brûlé dans l'oxygène vers 900°, en fournissant quatre fois leur poids d'acide carbonique.

ARGENT

M. Carey Léa [1] a décrit trois variétés allotropiques de l'argent. L'une serait soluble dans l'eau et s'obtiendrait en mélangeant deux solutions concentrées d'azotate d'argent et de citrate ferreux. C'est un précipité lilas qui se dessèche et se présente sous la forme d'une masse métallique gris bleu. Ce corps renferme seulement 97 0/0 d'argent avec un peu de fer et d'acide citrique; soluble dans l'eau, il se transforme à 100° en argent ordinaire. Des eaux mères de cette réaction on retirerait une autre modification rouge brun par addition de sulfate de magnésium ; il se forme un précipité qui serait de l'argent presque pur, soluble, d'après M. Carey Léa, dans le borate de soude et les sulfates alcalins.

Enfin, une troisième forme présentant l'éclat de l'or et renfermant 98,75 d'argent et un peu de tartrate de fer prendrait naissance dans le mélange de deux solutions : l'une de nitrate d'argent et de sel de Seignette, l'autre de sel de Seignette et de sulfate ferreux.

Il faut verser la deuxième solution dans la première. La poudre rouge qui se précipite est desséchée à l'air. Ces trois corps chauffés légèrement régénéreraient l'argent métallique.

[1] *Chem. Soc.* (3), t. XXXVII, p. 476; t. XXXVIII, p. 47, 128, 237.

CUIVRE

D'après M. Schützenberger, lorsqu'on électrolyse une dissolution d'acétate de cuivre à 10 0/0 préalablement bouillie, on obtient, sur la face de la lame de platine qui est en regard de l'électrode positive, un dépôt de cuivre allotropique, l'autre face de la lame se recouvrant de cuivre ordinaire.

Ce cuivre allotropique est sous forme de plaques à éclat métallique, d'une couleur semblable à celle du bronze, se réduisant aisément en poudre. Il renferme toujours quelques centièmes d'oxyde, sa densité est très voisine de 8.

La surface des plaques s'oxyde rapidement à l'air et prend une teinte bleu indigo. Cette oxydation est plus rapide si le métal est à l'état pulvérulent et il se transforme en oxyde cuivrique.

Traité par l'acide nitrique étendu de dix fois son poids d'eau, il se dissout en même temps qu'il se dégage du protoxyde d'azote. Cette réaction ne saurait être attribuée, suivant M. Schützenberger, à un hydrure de cuivre ou à de l'hydrogène occlus, car, chauffé dans le vide ou dans l'acide carbonique, on n'obtient aucun dégagement d'hydrogène.

Une température de 150° convertit rapidement, et sans variation de poids, ce cuivre en cuivre ordinaire.

PLOMB

En soumettant à l'électrolyse une solution d'azotate de plomb, Wöhler[1] a constaté qu'il se formait quelquefois, au pôle négatif, des cristaux de plomb rouge d'une couleur analogue au cuivre. Cette formation est très irrégulière et capricieuse. Ces cristaux lavés offrent l'aspect du cuivre; chauffés dans l'hydrogène pur, ils restent inaltérés jusqu'à 200°. Ils fondent ensuite et régénèrent le plomb ordinaire. A l'air, ils conservent leur couleur et ne se ternissent pas ; ils ne sont pas attaqués par les acides chlorhydrique ou azotique étendus, non plus que par les alcalis; à chaud, l'acide nitrique les dissout, mais ils conservent leur couleur jusqu'à complète dissolution.

Le perchlorure de fer les détruit immédiatement et leur couleur rouge est remplacée par la couleur grise du plomb commun.

M. Schützenberger[2], par l'électrolyse d'une solution de potasse caustique, en employant comme anode un barreau de plomb et comme cathode une lame d'or, a obtenu un dépôt de plomb beaucoup plus oxydable que le plomb normal.

[1] *Ann. der Chem. und Pharm.*, t. II, p. 135.
[2] *Comptes rendus*, t. XCVI, p. 1397.

ÉTAIN

L'étain cristallise sous deux formes.

A la température ordinaire, les cristaux d'étain paraissent dériver du prisme droit à base carrée.

L'étain refroidi vers — 35 à — 40° se boursoufle et cristallise en aiguilles grises ou en octaèdres. Chauffé, il reprend sa couleur en se contractant. La chaleur spécifique mesurée par Regnault a été trouvée pour cette variété de 0,0545, au lieu de 0,0563 que fournit l'étain ordinaire. La densité ordinaire descend aussi de 7,30 à 5,95 (Fritsche[1]).

[1] *Ann. de Chim. et de Phys.* (4), t. XXVI, p. 321.

FER

Lorsque l'on abandonne au refroidissement un fil de fer préalablement chauffé au rouge sombre, le retrait régulier subit un arrêt brusque ; on peut même observer un allongement momentané, puis le retrait reprend sa marche normale. Ce phénomène, observé par Gore [1], a été vérifié par Barrett [2], qui inversement, en chauffant progressivement un fil de fer, a pu constater un arrêt dans l'allongement et un retrait momentané suivi d'un nouvel allongement. Ces phénomènes semblent donc indiquer une modification dans la structure du métal à une température déterminée. Et Barett a pu mettre plus en évidence cette transformation et constater un dégagement sensible de chaleur au moment de l'allongement anormal ; en observant le refroidissement du fil dans l'obscurité, il a vu le fil passer à cet instant du rouge sombre au rouge vif. Si on observe la chaleur spécifique du fer à diverses températures, on observe, d'autre part, deux valeurs anormales au voisinage de 700° et de 1000° (Pionchon) [3].

MM. Osmond et Werth ont admis, pour expliquer ces phénomènes, l'existence de deux états allotropiques du fer : la variété α, stable aux températures ordinaires, et la variété β, qui existerait aux températures élevées.

Le fer α dominerait dans les fers recuits. Le fer β, au con-

[1] *Proc. Roy. Soc.*, 1869.
[2] *Phil. Magazine*, 1872.
[3] *Comptes rendus*, t. CII et CIII.

traire, existerait mélangé de fer α dans les aciers trempés ou écrouis.

Ces deux variétés de fer présenteraient, comme on peut le voir, une remarquable analogie avec les deux variétés de soufre soluble et insoluble, et l'explication fournie par M. Berthelot pour le phénomène de la trempe du soufre s'appliquerait à celle du fer; elle n'aurait d'autre effet que d'empêcher le retour, par un refroidissement lent, du fer β à l'état α. De même que la quantité de soufre mou, contenue dans le soufre trempé, augmente avec la température à laquelle le soufre fondu a été porté, de même on voit les aciers trempés acquérir des propriétés différentes, suivant qu'en les portant avant la trempe à des températures plus ou moins élevées on a fait passer une quantité plus grande de fer α à l'état allotropique β.

Tout récemment, M. G. Charpy [1], abordant la question d'une manière toute différente, a pu conclure également à l'existence de deux états allotropiques du fer.

En soumettant à l'essai de traction des barres de fer recuit et en représentant par une courbe les allongements en fonction des efforts, ce savant a pu constater l'entière analogie de cette courbe avec celle qui représente le passage, sous l'effet de la compression, de l'iodure de mercure d'une variété à l'autre. Cette courbe présente un palier montrant un allongement notable de la barre sous charge constante, qu'on peut attribuer à un changement d'état du métal. D'ailleurs, M. Charpy a pu constater un changement des propriétés du métal dans la période qui correspond à cette partie rectiligne de la courbe.

[1] *Comptes rendus*, t. CXVII, p. 850.

TABLE DES MATIÈRES

www.ingramcontent.com/pod-product-compliance
Ingram Content Group UK Ltd.
Pitfield, Milton Keynes, MK11 3LW, UK
UKHW012226240726
13966UKWH00003B/972

9 782013 579551